JN056199

Google流
ダイバーシティ&インクルージョン

インクルーシブな製品開発のための方法と実践

Building For Everyone:

Expand Your Market With Design Practices From Google's Product Inclusion Team

Annie Jean-Baptiste

アニー・ジャン＝バティスト 著

百合田香織 訳

Building For Everyone: Expand Your Market With Design Practices
From Google's Product Inclusion Team
By Annie Jean-Baptiste

Published by John Wiley & Sons, Inc., Hoboken, New Jersey.

This translation published under license
with the original publisher John Wiley & Sons, Inc.
through Japan UNI Agency, Inc., Tokyo

The Japanese edition was published in 2021 by BNN, Inc.
1-20-6, Ebisu-minami, Shibuya-ku,
Tokyo 150-0022 JAPAN
www.bnn.co.jp

Printed in Japan

神よ、私が学んだことを発表するチャンス、そして生涯を通じて学び続けるチャンスをいただいたこと、そのほかの多くの祝福に感謝します。

自分なりの方法で自分の真実を生きている、この世界の美しく見過ごされてきた人々に、私は感謝します。

ママ、パパ、ハーク、いつも最強のサポートをしてくれて、どんなことがあっても家族はいつも支えていてくれると教えてくれてありがとう。犠牲を払ってくれてありがとう。背中を押してくれてありがとう。アメリカンドリームは実現できること、それ以上にハイチの本質は否定できないということを教えてくれてありがとう。あなた方が誇りに思えるように、そしてあなた方の犠牲に見合うように、私は毎日努力していきます。

私のかけがえのない親友アラン、いつも私を信じ、後押ししてくれてありがとう。

ハイチとアフリカの精神が、不屈であり、大胆で美しく、勇敢であることを示してくれた、今ここにいる、そして空にいる、私の祖父母と祖先へ。

私の天使であり、最大のチャンピオンであるトッドへ。いかなるときにも私を見守ってくれたことに感謝します。

ありがとうございます。いつも感謝しています。

CONTENTS

凡例:訳注・編注は〔〕で括った。

FOREWORD

—

序文 —— ジョン・マエダ

どんな組織も、人々の問題を解決したり、生活を向上させたりする優れたプロダクト（あるいはサービス）をつくろうとしている。その目的を達成する最良の方法は、顧客とそのニーズ、要望、潜在的なイノベーションに注目することだ。だが残念なことに、プロダクトデザインの世界では、デザインやプロダクトそのものに夢中になるあまり、そのプロダクトを購入し、消費し、身につけ、運転し、その他さまざまなかたちで使用する人々のことを忘れてしまうことが少なくない。こうした見落としが特に問題となり、しかも起こりがちなのが、自分たちとは異なる人種、民族、年齢、ジェンダー、能力、言語、地域の人々のためにプロダクトをつくっているときだ。

Googleのプロダクトインクルージョン部門の責任者アニー・ジャン＝バティストは、本書『Google流ダイバーシティ＆インクルージョン』において、顧客に焦点を当て、顧客を見るレンズを広げる重要性を伝える。そうすれば、人々の幅広いダイバーシティ（多様性）をもっとインクルーシブに捉えられるようになり、より広範な消費者層からの要求に応えるプロダクトをつくることが可能になる。プロダクトのデザイン、開発、マーケティングにおいて、よりインクルーシブなアプローチをとることで、企業にはイノベーション、顧客ロイヤルティ、成長といったメリットを手にする体制が整うのだ。さらにその過程で、「正しいことをして、成功する」方法も見いだすだろう。

「プロダクトインクルージョン」という言葉を理解するには、まず、シリコンバレーにおける「プロダクト」という言葉の使い方を理解する必要がある。シリコンバレーでは、「プロダクト」という言葉がしばしば他とは違った使われ方をする。ただこのところ、世の中では全体にそれがよく知られるようになってきた。最近では業界を問わずプロダクトやサービスをつくる人が増え、「プロダクト」という言葉も一般化してきている。シリコンバレーの人たちが言う

「プロダクト」を違和感なく受け入れられれば、この本はもっと読みやすくなり、業界を超えたベストプラクティスが得られるだろう。

デジタルプロダクトとは、モバイル機器上のアプリや、日々クリックしているWebサイト、会話するボットなどのことをいう。このようなデジタル体験をつくる技術者は、パン職人にとってのパン、家具職人にとっての家具のように、自分のつくったものを「プロダクト」と呼んでいる。パンのように目で見たり匂いを嗅いだりして五感を使って感じられたら、あるいは椅子のように触れたり蹴ったりして体感できれば、プロダクトとしてはリアルで親近感のあるものになる。

デジタルプロダクトは、パンや椅子とはずいぶんかけ離れているように感じるかもしれないが、技術者の視点ではどちらも区別なく「プロダクト」だ。携帯アプリやWebサイトの利用、あるいは音声アシスタントとの会話では、これがプロダクトだと指し示せるものがないため、飛躍に無理を感じるかもしれない。けれども視点を切り替えて考えてみれば、驚くべきことが起こる。完全にデジタル化されたプロダクトが独り占めしている、プロダクトにかかる限界費用も、在庫費用も、流通費用もほぼゼロの特異な世界を、ビジネスの観点から眺められるようになるのだ。これこそ、デジタルプロダクトも実体のあるプロダクトも、こうした取り組みの優先順位を上げる必要がある理由だ。

完全なデジタルプロダクトとは何かを理解するという大きな挑戦を始めたら、その次に「インクルージョン」という言葉の複雑な深みも見ていこう。こちらの視点の切り替えでは、技術者ではなくヒューマニストの視点に立ち、真逆の方向に飛び込む必要がある。インクルーシブデザインの専門家キャット・ホームズの掲げる、インクルージョンの最も優れた定義のひとつが「疎外の反対（エクスクルージョン）」という言葉だ。あなたは何かから疎外された経験がないだろうか？　たとえば誕生日パーティーで、あるいは昇進のチャンスで。そのとき、どのように感じただろう？　ヒントはただひとつ、それは「悪い」ということだ。

話を「プロダクトインクルージョン」に戻し、このプロダクトとインクルージョンというふたつの用語を合わせて考えてみると、この言葉から、シリコンバレーで形づくられつつある他者を疎外するのとは逆を目指す新しい産業の姿が読み取れる。これは、あなたは知らないかもしれないが、テクノロジー業界のプロダクトには無意識のうちに他者を疎外してきた歴史があるからだ。ただささらに重要なのは、そうしたテクノロジー業界のプロダクトだけでなく、医療やファッションなどのあらゆる業界において、インクルージョンをどうすれば導入でき、デジタルの流れのなかでどう優先させていくかを学んでいくことだ。

かつてテクノロジー業界では、「素早く行動し、破壊せよ(Move Fast and Break Things)」というモットーが流行していた。つまり、数千人程度のユーザー規模だった頃は、アカウンタビリティ(説明責任)を果たす必要などなかったのだ。しかし、今では何百万人、いや何十億人もの人々が相互につながっている。軽々しく壊してしまうなど、もはや許されない。次世代のプロダクトクリエイターは、業界を問わず、「素早く行動し、是正せよ(Move Fast and fix Things)」という新たな信念に賛同している。

本書には、これまで大規模に展開されてきた体験を是正するための多くの方策が数え切れないほど詰まっている。プロダクトインクルージョンは、プロダクトやサービスを生みだすあらゆる業界が中心に据えて取り組むべき課題だ。本書はインクルーシブなガイドブックであり、多くの未開の地を案内してくれる最初の地図になるだろう。私は現在、あらゆる業種の人々に多くのデジタル体験を指導する立場にあるが、本書からプロダクトインクルージョンを第一に考える際に役立つ貴重な知恵を得られると確信している。

テクノロジー業界以外の皆さんは、このプロダクトインクルージョンについて、自分の仕事とはまるで異なるGoogleからいったい何が学べるのだろうと思うかもしれない。確かに、シリコンバレーにおけるプロダクトとは、アプリやWebサイト、検索エンジン、会話ボットといった、限界費用、在庫費用、流通費用がゼロに近い特異な世界に存在するデジタル製品のことだ。けれどもアニーが本書で、あなたにものを見る際のレンズを広げることを勧めているように、彼女自身もこの本の執筆にあたってレンズを広げ、医療、ファッション、エンターテインメント、フィットネスなどのさまざまなビジネスリーダーのインサイト〔洞察、知見〕を紹介している。

本書を読むだけでなく、ぜひ実践してみてほしい。多様性のある視点の力を活用し、イノベーション、成長、収益などを促進できるよう導いてくれるだろう。

ジョン・マエダ

(ピュブリシス・サピエント社 副社長/チーフ・エクスペリエンス・オフィサー)

INTRODUCTION

—

はじめに

> 人であることとは、相手の心の奥深くをのぞき込んで、
> 自分自身を知ることです。
> —— マーク・ネポ（詩人、スピリチュアル・アドバイザー）の言葉をヒントに

ありのままの自分でいられると感じられるのは、どんなとき？　きっと、自分を丸ごと受け入れてくれる家族や友人と一緒にいるとき、あるいは心の底から楽しみ、没頭できる趣味の最中だろう。そんなときには、心穏やかで、至福とも言えるような、周りの目に縛られない気持ちになる。あなたが誰でどんな人物であるはずだといった先入観をふりはらって、ありのままの自分でいればいいからだ。

では、のけ者にされた、無視されたと感じる場面を考えてみよう。パーティーやサマーキャンプ、新しい職場に行ってみたら、もうみんな友達同士で、自分はあまり歓迎されなかった、あるいは知り合いになりたいと感じられなかったという経験はないだろうか？　そのとき、どんな気持ちになっただろう？　つまり、誰だって喜んで受け入れられたと感じたい。それこそが、人が家族や友人、ペット、同僚との関係性に求めるものだ。

何かになじめないときや、プロダクトやサービスが自分向けにつくられていないと感じるとき、私たちは疎外感や苛立ち、失望を覚え、落胆しさえする。またプロダクトやサービスが自分以外のみんなに向けてつくられているように思えたら、そのプロダクトデザインに関わった人たちに軽視され、無視されたかのように感じる。その感情は、「どうせ、こんなの使いたくなかった」とイラッとするだけのことから、「まるで私たちのコミュニティのことなど想定していないみたい。どう想定されているのか恐ろしくさえ感じる」とひどく疎外感を覚えたり傷ついたりすることまで幅広い。

どんなバックグラウンドをもつ人も、自分たちを多数派だと考える社会集団から疎外された経験がある。それを踏まえたうえで、そうした気持ちを自分たちのプロダクトやサービス、コンテンツ、マーケティング、カスタマーサービスに関わる人に抱かせないようにすること。これは絶対だ。プロダクトを生みだすときには、たとえ故意ではなくとも、そうした感情を引き起こすものはつくらないようにしたい。あなたと組織のメンバーが、プロダクトやサービスのユーザーにそうした感情を起こさせないように手助けをすることが、本書のゴールのひとつだ。

デザイナーやクリエイターとして、エンジニア、ユーザーリサーチャーあるいはマーケティング担当者、イノベーターとして、誰もが包摂（インクルード）されていると感じられるようにしたい。あなたがその仕事についたのは、より良い世界をつくり、もっと豊かな暮らしを可能にし、愛する人（や生き物）と新たな経験ができるようなプロダクトやサービス、コンテンツをつくりだすためではないだろうか？ その決意の核心となるのが「インクルージョン（包摂性）」、つまり誰もが自分自身を企業や個人の取り組みの成果に見いだせることだ。人は皆、目を向けられ、耳を傾けられ、考慮されたいと思う。そして自分たちのような人間が企業にとって重要で、それぞれ独自のバックグラウンドや観点が評価されていると感じたいと願っている。

インクルーシブでありたいと望むだけでは不十分だ。しっかりとした意図をもってじっくりと検討し、実行する必要がある。デザイン、開発、テスト、マーケティングといったプロセスにおけるキーポイントの中心にインクルージョンを据えて、ユーザー間の違いを確実に考慮し、対処するようにしなければならない。ダイバーシティ（多様性）とインクルージョンの急先鋒ジョー・ガースタント[1]は、「意図的に、じっくりと、積極的に包摂（インクルード）しなければ、無意識に排除（エクスクルード）してしまう」と人々の注意を喚起する。実際Googleの各チームでは、この言葉を用いて、正しいことをしたいと望むだけでは不十分だということをたびたび確認しあっている。

[1] https://www.joegerstandt.com

成功のためのプランニング

「計画を失敗するのは、失敗を計画するのと同じ」という金言は、インクルージョンのためのデザインにも確実に当てはまる。プロダクトデザインにおけるダイバーシティ、エクイティ(公平性)、インクルージョンについて考えるのは、あなたもあなたのチームもきっと初めてのことだろう。全員が理解し参加できる確固とした計画をまず立てることが重要だ。

ほかの取り組みと同じで、役割、期限、目的、評価基準を明確に定義することが、インクルージョンの導入や実行に成功をもたらす重要な鍵になる。本書ではそうしたトピックを取り上げ、理論の実践と、アイデア出しからユーザーエクスペリエンス(UX)&デザイン、ユーザーテスト、マーケティングに至るプロダクトデザインのさまざまなフェーズへとインクルージョンを導入する方法を紹介していく。

インクルージョンのための計画を立てるときには、相手に自分がしてほしいことをするという「金の法則」に従っていてはいけない。相手にその相手がしてほしいことをするという「プラチナの法則」に従う必要がある。参考になるのが、『黒い司法　黒人死刑大国アメリカの冤罪と闘う』の著者でイコール・ジャスティス・イニシアチヴ(司法の公正構想、EJI)の事務局長でもあるブライアン・スティーヴンソンの呼びかける「歩み寄り(proximate)」だ。歩み寄りとは、相手に近づき、その人の経験、不安、希望を理解しようとする行為だ。共感を築くことが目的だが、それが行動へとつながればなお良い。

スティーヴンソンの説く共感の必要性はプロダクトデザインとはまた違う文脈のものだが、その考え方はプロダクトインクルージョンにも大いに当てはまる。企業もそれ以外の組織も、総じて、有色人種や社会経済的地位の低い人、高齢者、農村地域やグローバル企業の本社が置かれていない国に住む人、障がいを持つ人、LGBTQ+のコミュニティに属する人といった消費者にもれなく歩み寄ることはできていない。また、50歳以上の黒人の女性といったようにいくつものダイバーシティの次元が重なるとき、そうした消費者のニーズや好みに応えるには、さらに複雑な課題に取り組むことになる。それでも歩み寄れば、理解し、共感を築き、より良くなりたい、より良くしたいと思えるようになる。そしてそれこそが、あなた自身とチームメイト、組織のリーダーが、ユーザーのバックグラウンドにとらわれることなく、本当にユーザーのためにつくるという責任を担う原動力となる。

ただ、やりたいと思うのと実行するのとでは天と地ほどの違いがあって、そこにプランニングが登場する。プランニングは、そのふたつをつなぐ架け橋だ。プランニングによって、組織に深く根付いた考えや行動を打ち壊すことができる。カルチャーを変える希望と期待がプランニングにはあるのだ。

きっとこう思うだろう。「OK、わかった。インクルーシブに構築したいと思うだけじゃだめ。インクルーシブに構築するためにプランニングしなければ。そして実行する。それで、実際どうすればいいの?」本書ではそれも解決する。ただまずは、顧客やユーザーの心に本当に響くプロダクトをつくりあげ、マーケティングするには、インクルージョンがいかに不可欠かをしっかりわかってもらいたい。というのも、きっと複雑で、ややこしく、もどかしく、厄介な取り組みになるだろうから。たとえば、さあ発売だというときに、プロダクトの色が色覚異常の人には識別できない色だと気づくかもしれない。マーケティングチームが最新キャンペーンの最後の仕上げをしているときに、広告に登場する有色人種は、みんな肌の色が明るめに描かれていると指摘されるかもしれない。ラテンアメリカでまさに新作発表をしようとしたときに、英語からの翻訳にラテンアメリカ各国での文化的なニュアンスの違いを反映できていないのに気づくかもしれない。そうしたプロジェクトのつまずきのせいで、最善を尽くした意図も台無しになってしまう可能性がある。けれども、全員が参加する計画をつくり、できるだけ早い段階でプロダクトインクルージョンを取り入れられれば、そうした問題を回避して多くのチャンスを得ることができる。

インクルーシブデザインを優先事項にする

どんな組織にも優先順位があって、プロダクトインクルージョンとともにリソースや時間の制約があるのは当然だ。時間に追われてワークフローに新たな試みを加えることなど考えられないかもしれない。あるいは、すでにプロダクトインクルージョンについては聞いたことがあって、正しく、ぜひ実行すべきと捉えてはいるものの、自分たちのユーザーのことはすでに理解できているからもう十分と考えているかもしれない。

私はこれまで、Google内外の中小から大規模の組織まで何百ものチームや企業と仕事をし、Googleのプラットフォーム上での全体的な広告戦略を支援してきたので、そうしたことはよくわかる。いつも相手に寄り添い悩みに耳を傾けて、ビジネスを成長させ、新たなものを生みだす手助けをしてきた。企業のリソースに関するコンサルティングも行ってきたので、組織が成功するには明確な優先順位が必要なことも理解している。

だから本書の執筆にあたっては、組織にはほかにも優先事項があり、多くの場合リソースが限られることを考慮した。そしてプロダクトインクルージョンを、アイデア出し（アイディエーション）、ユーザーエクスペリエンス（UX）、ユーザーテスト、マーケティングの4つのフェーズに分けて、そのうちの1、2フェーズから徐々に始められるようにしている。本書の序盤では、どうすれば少人数のチームであっても、より多様なユーザーとの関わりを持てるかをアドバイスしている。たとえば、実際のユーザーと話をして、そのストーリーをマーケティングに活用するのもいいだろう。後半では、4つのフェーズすべてを使う方法やテクニックを紹介していく。

どのようにスタートすると決めたとしても、（私や私のチームが気づいたように）プロダクトインクルージョンはエキサイティングで、楽しく、終わりのない発見の旅であることに気づいてほしい。私たちのチームだって、いつも正しく理解できているわけではない。共に学び続けているし、この分野ですばらしい取り組みをしている人たちから学びたいと思っている。また、プロダクトインクルージョンの実践に取り組んでいる組織から学ぶとともに、業界の枠を超えたエコシステムをつくりあげ、ベストプラクティスを共有し、さらにインクルーシブなプロダクトを生みだすことができればと考えている。

私たちはこの先に待っている旅にワクワクしているし、人種や民族、能力、性的指向、ジェンダー、社会経済的地位、年齢といった（挙げるときりがない！）さまざまな側面をもつ何十億ものユーザーにサービスを提供するには、インクルージョンを優先し重視する必要があるのも理解している。

Googleでは、ダイバーシティ、エクイティ、インクルージョンについて、ジムに通って筋トレをするようなものだとよく言われる。はじめは、課題や努力に嫌気がさすかもしれないけれど、「プロダクトインクルージョンの筋力」が鍛えられるにつれて楽になってくるし、楽になれば、楽しんでワクワクできるようになってくる。できることが増え、自分に自信がもてるようになり、これまでの道のりを振り返って自分とみんなが協力して成し遂げたことを誇りに思えるようになるだろう。はじめに（あるいは2、3度）まるでうまくいかなかったからといって失敗だとは思わないで。どんな失敗もその経験から学べることがあるし、思いがけない新たなチャンスをもたらしてくれることも多い。インクルージョンについて考え、話し合うのはすばらしい第一歩だ。結局のところ、アイデアと会話こそイノベーションの種であり、その種が実るとき、ユーザーは感謝するし、あなたの組織は成功を収める！

そう、あなたの組織はきっと成功する。多くの人が、見過ごされているユーザーの割合は大きいものではないと想定し、だからビジネス上の判断としては優先順位が低いという誤った認識をもっている。だけどその想定も、それに基づいた結論も間違っている。もしそうした思い込みをしているのなら、考え方を変えて、現在のユーザーについて考えるのではなく、ユーザーにこれからなり得る人のことを考えるように強く勧めたい。自分の輪を少し広げて、その外側にいる人たちを取り込もう。そうすると、自分と違う見方や行動、考え方をもつ人たちも、自分と同じく、提供されるプロダクトやサービスを通して目を向けてほしいと切望しているのだと気づき始めるだろう。そうした人々は、異なるジェンダー、人種、社会経済的地位、あるいはそうした要素がいくつか組み合わされているかもしれない。また彼らの声は、従来のプロダクトデザインのプロセスで聞いてきたものとは異なるかもしれない。けれどもその声こそが、将来やプロダクトをかたちづくり、全体を豊かでより良いものにしてくれるのだ。

対応するユーザーの範囲を広げていくと、サービスが提供されていない、あるいは十分なサービスが受けられていない消費者がそこに取り込まれていく。そうした人々のニーズの位置づけを高めて、プラクティス（実践）やプロセスの中心に置こう。彼らやそのニーズは、デザインプロセスに受動的にも能動的にも関わってくる。インクルーシブデザインを優先するうちに、ユーザーが深く抱く懸念を中心に据えて、その懸念を解決したいと願い始めるはずだ。それはビジネスにとってすばらしいことだし、企業が現在、そして将来にも存続するために欠かせないことでもある。

プロダクト開発における積極的なインクルージョンによって、多くの未開拓の顧客のために、有意義で使いやすいプロダクトのデザインが可能になる。

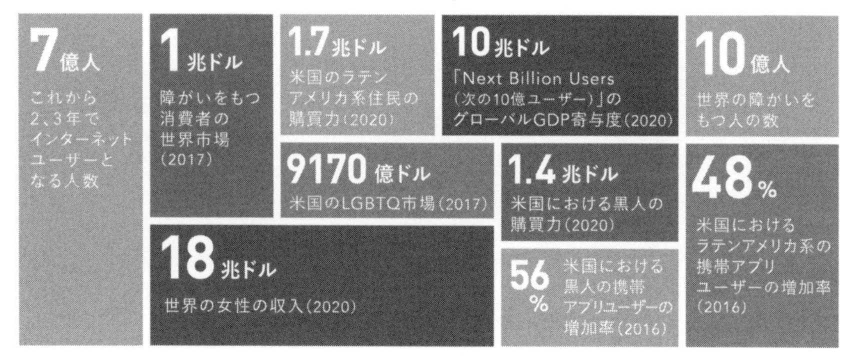

図1-1 ▸ 見過ごされてきた人々のもつ機会と購買力

プロダクトインクルージョンへの投資にリスクが伴うように感じるなら、逆に可能性を無視することでのリスクを純粋に収入と利益の観点から考えてみてほしい。図1-1に示すように、そこには山のようにチャンスが待っている。

これは画期的な視点だ。世界のダイバーシティを念頭においてプロダクトをつくり、デザインとマーケティングのプロセスの中心にインクルージョンを据えることで、そういった面への意識の低い組織が見逃している何兆ドルもの世界の支出を活用するチャンスが手に入るのだから。

もっと証拠が必要、あるいは「論より証拠」と考えるなら、Googleでプロダクトインクルージョンをどのように取り込んでいるかを次の章で取り上げているので、そちらを見てほしい。

Googleアシスタントにインクルーシブ・レンズを導入する

Googleでは、プロダクトのデザインと開発のプロセスで不可欠な役割を、私たちインクルージョンチームが担う。そのプロセスにおけるパートナーとして、Googleアシスタント対応のあらゆるプロダクトでインクルーシブな経験を確実に提供できるようにしたいし、共に取り組むベス・サイとボビー・ウェーバーもその決意を共有してくれている。2人は積極的かつ意図的に、ローンチ前のプロセスにインクルージョンを持ち込んだ。難しくコストもかかる、プロセス後半に問題を見極めて解決する方法とは対照的なやり方だ。2人は顧客を喜ばせたいと考え、その鍵になるのがプロセスへの「インクルーシブ・レンズ」の適用だと感じていた。またインクルージョンチームがGoogleアシスタントのローンチに際して確実にしておきたかったのは、Googleアシスタントがユーザーを人種、民族、ジェンダー、性的指向、そのほかユーザーをかたちづくるあらゆる特性によって不快感を与えたり排除したりしないことだった。

Googleアシスタントをインクルーシブにするためには、極めて多様な視点を導入しなければならないことはわかっていた。そのため、Googleアシスタントへの「ストレステスト」(攻撃的テスト)を実施するチームと合同で取り組むことにした。さまざまなバックグラウンドと視点をもつGoogler〔Google社員〕を検討室に集め、それぞれが持ち寄った文化的バックグラウンドを用いてGoogleアシスタントを試していったのだ。アフィニティグループ(共通の興味、目的、ダイバーシティの次元でつながる個人の集団)に属するGooglerは、Googleアシスタントや小さな開発者チームよりも、特定のコミュニティが疎外感や不快感を覚えるものについてはずっと専門家だとわかった。また、そうしたコミュニティのメンバーは皆同じではなく、1人に聞いてもコミュニティ全体の声にはならないということもわかった。

そうしてプロダクトインクルージョン・チャンピオン(旗振り役)らが、人種差別、性差別、同性愛差別などに関わる攻撃的な質問や指示をされる可能性を想定してGoogleアシスタントをテストした。その取り組みの結果、たとえば「黒人の命は大事か?」とGoogleアシスタントに問いかけると、「もちろん、黒人の命は大事です」と答えるようになっている。

プロダクトのデザインと開発にインクルージョンを取り入れることで、ローンチ時に対応を必要とするエスカレーションの数は著しく減少した〔ここでの「エスカレーション」とは、プロダクトのバグや設計上の欠陥につけこむ行為〕。エスカレーションはブランドに傷をつけ、信用を損ない、売り上げを鈍らせ、そうした状況はビジネスに悪影響を及ぼす。

ローンチ当初、Googleアシスタントの対応すべきエスカレーションは全体の0.0004%だった。言い換えれば、何十億ものクエリのうち、対応が必要なほどの問題があったクエリはわずか0.0004%だったということだ。これはGoogleアシスタントの成長と普及範囲を考えると、まさしく大成功であり、か

なり重要な点だ。さらに、

- 「Googleアシスタントは90カ国以上、30言語以上で提供され、現在、毎月5億人以上がスマートスピーカー、スマートディスプレイ、電話、テレビ、自動車などを利用するのに役立っている」[2]
- 「Googleアシスタントはすでに10億台以上のデバイスに搭載されている」[3]
- 「過去1年でGoogleアシスタントのアクティブユーザーは4倍に増加した」[4]

普及が進んでいるにもかかわらず、エスカレーションが最小限に抑えられている理由のひとつは、プロダクトインクルージョンを優先し、それを設計、開発、テストのプロセス全体に取り込んだことだ。

プロダクトのローンチ前に、あらゆるコミュニティに属する人をひとり残らず調査するのは不可能だが、多様な視点を持ち寄るのは絶対に不可欠だ。あなたもきっと、フォーカスグループ〔定性的な市場調査のために抽出した集団から情報を得る手法〕などのユーザーリサーチを実施しているだろう。そうしたプロセスをもっとインクルーシブなものにするには、リサーチャーや参加者のダイバーシティを高めることが重要だ。

すべての人のために、すべての人でつくる

本書の核心は、人種、肌の色、信念、性的指向、性自認、年齢、能力、そのほか私たちの違いをつくりだす特性に関係しない、すべての人に向けたプロダクトやサービスをつくって市場に出すために、多様性のあるバックグラウンドをもつ人々が協力して働くことにある。私たちの信条（つくったのはかつてのチームメイト、エロール・キング）は、「すべての人のために、すべての人でつくる」こと。この信条こそ、私たちのチームをはじめGoogleの多くのチームが、プロダクトやサービスを生みだす人とプロセスに意図的かつ慎重に浸透

[2] https://blog.google/products/assistant/ces-2020-google-assistant/（2020年1月7日）
[3] 同上
[4] https://bgr.com/2019/01/07/google-assistant-1-billion-devices-android-phones/（2019年1月7日）

させようと取り組んでいるものだ。私たちは、どこで暮らす誰であっても、私たちのプロダクトとサービスの恩恵を受け、そして満足できるようにすることを目指している。

本書では、とてつもなく多様性のある人々のニーズや好みに対応することがどれほど大変か、包み隠すことなく伝えている。多次元的で多面的な個々人の特性に歩み寄るには、いかに時間と努力が必要かも過小評価しない。そして、デザインの原則や実践の中心に人間を据える価値と必要性とを正しく認識するのを後押しし、実行するにはどうすればいいのかを紹介している。

私たちは、とてもエキサイティングな時代に生きている。これまでは見過ごされてきた人々や権利を奪われてきた人々が、力を得て、また自らを力づけて、世界経済をはじめとする人生のあらゆる場面に全面的に参画し、主導権をもつ時代だ。そうした属性の人々も皆、同じように目を向けられ、耳を傾けられ、私たちのプロダクトとサービスの提供を受けるのは当然のことだ。すべての人のために、すべての人でつくらなければならない。ただそれが正しい行為だからではなく、イノベーションと成長を促し、この世界をより良く、より豊かな場所にできるからだ。

プロダクトインクルージョンとは、つまるところ、話を聞き、心をくだき、謙虚になることに尽きる。私たち誰もが、幸せと自己実現を目指す旅の途中にあり、その道のりのあちこちに課題とチャンスがある。その道のりで私たちは互いに助け合えるし、そうすることでチャンスをものにできる。見過ごされてきた声を取り込むように心がけつつ、消費者の立場に立ち、問いかけよう。また直面する問題や、目の前にあるチャンス、現状ほかの人たちが手にしている解決策や恩恵から誰がどのように排除されているかについて考え、挑戦し続けよう。そこに、より良い、よりインクルーシブなプロダクトをつくり、ビジネスを成長させるチャンスが待っている！

本書では、幸運にも私がその形成に貢献できた学びを紹介している。Google内外の、プロダクトインクルージョンを単なる優先事項以上の存在へと高め続けているコミュニティからは、私も今もなお変わらず刺激を受け続けている。

インクルーシブなプロダクトやサービスをつくり、提供できたとき、私たちはこの世界の美しさとダイバーシティを完全に反映し、あらゆる面で繁栄し始めるだろう。新たな市場を見いだし、つくりだし、富を築き、私たちの取り組みによってすべての人々の地位を向上させれば、私たち自身にも恩恵があるし、ほかの人々の生活に良い影響をもたらす充足感も経験できるだろう。

CHAPTER

1

すべての人のためにつくる：
どうしてプロダクトインクルージョンは大事なのか

業界を問わず、インクルージョンは「正しい行為」だと言われてきた。善良な人々と倫理的な組織は、ダイバーシティ、エクイティ、インクルージョンを信条として実践する。そう、確かに正しい。けれども、どうして人々や組織がそうした美徳に関心をもって、受け入れるべきなのかという理由はあいまいだ。

ダイバーシティ、エクイティ、インクルージョンが大事な理由はふたつある。ひとつは人としての理由——人々を大事にするためだ。さまざまな言語、視点、習慣、食、衣服、芸術、イノベーション。そういったダイバーシティによって、世界は豊かになる。エクイティとインクルージョンは、快く受け入れられ、正しく評価され、力を与えられていると人々が感じるのに不可欠だ。またある意味では、すべての人があらゆる方法で個性を生かすことで成功し、貢献できるようにもしている。

もうひとつはビジネス上の理由——ダイバーシティ、エクイティ、インクルージョンは、ビジネスと人間のあらゆる生産的な活動に良い影響をもたらすからだ。幅広い層の人々と関わりをもつ組織ほど、プロダクトやサービスを大きく向上させるアイデアとイノベーションを手にし、さらに新たな市場やまったく新しいビジネスにも気づく。その結果、顧客基盤を拡大し、イノベーションを進め、そうインクルーシブでない競争相手に対して優勢を築くことができる。

私たちが暮らす世界のために何かをつくりだすには、その世界を反映した環境の中でつくる必要がある。人々自身、そのニーズ、好み、また何に失望し、落胆し、疎外されていると感じるのかを理解することなしに、その人たちに向けたものをつくることなど不可能だ。しかも世の中は変化しているし、その変化はどんどん加速している。これはあなたの周りでも起こっている——ニュースや娯楽番組を見ても、広告を目にしても、そして願わくば近所や職場でも。

この変化を受け入れてほしい。そして、この進化し続ける世界の構造にふさわしいプロダクトやサービスをつくりだすことで、この前向きな変化の促進をリードしてほしい。最初のステップは、ユーザー（消費者や顧客）への理解——誰なのか、どこから来たのか、何が重要なのか、そのコア・ニーズを自分の組織や仕事のミッションとどのように合致させられるのか——を深めることだ。その理解こそが、価値を引き出し、成長とイノベーションへの扉を開く鍵になる。

インクルージョンのないビジネスの危険性

——デイジー・オージェ・ドミンゲス
（ワークプレイス・カルチャーのコンサルティングを行うオージェー・ドミンゲス・ベンチャー社の創始者。DaisyAuger-Dominguez.com）

インクルーシブにつくるという考え方は、テクノロジー業界で持ち上がったものですが、本当は消費者向けプロダクトの製造業者からコンテンツ制作会社まで、あらゆる企業が真剣に取り組むべきものです。なぜでしょう？　プロダクト、サービス、コンテンツのダイバーシティの信頼性によって採用し評価する消費者や顧客の層がどんどん広がっているからです。加えて株主や従業員、顧客の行動力が高まっているので、多様性（ダイバーシティ）のある職場環境をつくり、インクルーシブなビジネス手法を採用しなければ、リーダーや企業は存続の危機に直面するでしょう。

そうした状況に対してこれまでの企業のとっていた対応方針といえば、概ねの傾向として、市場シェアの減少や、ブランドロイヤルティと財務的なリターンの低下にただ対応するだけのものでした。しかし、あらゆる業界で競争が激しさを増すなか、企業にはもはや消費者や顧客、ユーザーにもっと寄り添ってサービスを提供し、結びつくことを躊躇している暇はありません。

サービス事業者の観点から見ると、「あなたは現状も将来の展望も見通さずに、インクルーシブでないビジネスを進めているのに、そんなあなたからの何かをすべきだというアドバイスをどう信用しろというのか？」と問いかける顧客が増えてくることが予想できます。これは妥当な疑問ですし、きっと何度も投げかけられるだろうと思います。

早いうちに自発的に変化できなければ、顧客や従業員、投資家が主導の、納得のいかない変化を強いられることになるでしょう。

結論：安全で、インクルーシブで、多様性のある職場環境の構築と、インクルーシブなビジネスの実践とに失敗した企業は、収益、ブランド、評判をリスクにさらすことになる。

プロダクトインクルージョンチームのアプローチ

私たちGoogleはダイバーシティ&インクルージョンのサイトで、「Googleの使命は、世界中の情報を整理し、世界中の人がアクセスできて使えるようにすることです。私たちがすべての人のためにつくりたいと言うとき、それはまさにすべての人を指します。うまく進めていくために、サービスを提供するユーザーをもっと反映した仲間が必要です」と表明している。

Googleでプロダクトをつくるときには、すべての人のために、すべての人でつくるという観点で考える。これはたいへんなことだ。誰もがバイアスをもっているし、あらゆるカルチャーや好み、個々人のニーズを何もかも理解することなどとても無理なためだ。誰でも間違えてきたし、これからもきっと間違い続ける。ただ、決意をもって向上に努め、さまざまな視点を取り入れ、バイアスに挑み、自身の過ちを認めていけば、もっとインクルーシブなプロダクトをデザインし、つくっていくことができる。私たちは、その過程で学び向上していく決意だ。

私たちの取り組みは明確に人的要因（ヒューマンファクター）に焦点を絞っている。それ自体はGoogle内部のみならず、またテクノロジー企業かどうかを問わず、多くの企業でも行われていることだが、プロダクトとマーケティングに深く根ざしているという点で、私たちはほかとは一線を画している。また、ダイバーシティのいくつもの次元とその交わりすべてを考慮し、さらには収益向上についてのビジネス指標とデータにも基づいた取り組みだ（私たちのチームがビジネス面におけるインクルージョンの効果を確かめるために実施したキャップストーン・リサーチについては第2章で紹介する）。

Googleでは、そのプロセスになんとかして組織のあらゆる立場のすべての人を巻き込もうとしている。皆さんもぜひ同じように取り組むことをお勧めしたい。ビジネスリーダーでも、プロダクトやプログラムのマネージャーでも、マーケティング担当者でも、デザイナーでも、あるいはテクノロジー業界で働いていなくても、自身のバックグラウンドと経験から得たインサイトを活用したり、インクルーシブ・レンズを通して自分の仕事を眺めたりすれば、プロダクトとサービスの成功に大いに貢献することができる。

インクルーシブに考える：エンジニアの視点から

――ピーター・シャーマン
（Googleのエンジニア）

ほとんどのエンジニアが、簡単な訓練からインクルーシブな思考をスタートすることができます。エンジニアであれば、テクノロジーの苦手な友人や家族からスペシャリストとしてよく助けを求められるでしょう。きっとテクノロジーの心得のあるあなたには、そうした彼らの疑問や問題の多くが単純に感じられるでしょうし、簡単に解決できることでしょう。しかしそのちょっとした時間は、相手側の経験――自分のためにつくられているとは思えないプロダクトやサービスを使用するというのがどんなにやりづらいものか――を理解するのに役立ちます。消費者向けプロダクトについて考えるとき、「エンジニアがエンジニアのためにつくる」というのは、プロダクトの良い開発戦略とはまず言えません。良くても支持者が限られるでしょうし、悪くするとユーザーが排除された、軽んじられていると感じる可能性もあります。エンジニアでない人は、デザインやプロセス・フローを理解できないかもしれないし、説明書に混乱してプロダクトもろとも捨ててしまうかもしれません。

プロダクトの潜在的なユーザーすべてについて考慮することで、エンジニアはあらゆるユーザーにとって使いやすい機能をデザインできるようになります。この原則は、一般的なユーザーエクスペリエンス（UX）やユーザーインターフェイスのデザイン、アクセシビリティや国際化・ローカライズにも適用できるものです。ただ、本当の意味ですべての人のためにデザインするためには、もっと幅広く考えなければなりません。プロダクトやサービス、システムにそもそもバイアスがないか、見直してみましょう。たとえば、カメラでの肌の色味の表現に偏りがないか、アプリが特定のコミュニティでしか満たせない登録条件になっていないか、特定の文字コードでの入力が必要なフォームになっていないか、特定のユーザー以外が使えないようなデジタルリテラシーのレベルやアクセスを想定したサービスになっていないかなど、並べ立てればきりがありません。

私が新しいシステムに取り組むときにいつも考えるようにしているのが、ユーザーはどのように機能やプロダクトに触れ、どんな情報が適切なのか、システムがどのようにデータを処理し、どのように世界を認識するのか、そして結局のところテクノロジー、仮定、チューニングやラーニングの根底にある何が最終結果をもたらすのか、ということです。こうしたことを念頭に、チームメイト、マネージャー、ユーザー――特に自分とは違ったタイプの、異なる見解を出してくれる人たち――と議論すれば、隠れたバイアスになりえるものを見落とすことなく明るみに出し、プロダクトをできる限りインクルーシブなものにするためにはそうした問題にどう対処すればよいかを検討することができます。

結局のところ、真にインクルーシブなプロダクトを生みだすための原動力とは、多様性のあるバックグラウンドと視点をもった人と協力し合って取り組むことだと私は思っています。力を合わせれば、世界を動かせる「てこ」がつくりだせるのです。

ユーザーを理解する

あらゆる組織がプロダクトやサービスのユーザーを理解しようと努めていて、そうしたユーザー理解を市場性の判断材料にするだけではなく、プロダクトとサービスのデザインと開発にも活用している。その方法自体には、これといった目新しさはない。ただこれまでと違って、より広い層の顧客にサービスを提供するため、人それぞれの違いを考慮する必要性が高まってきている。

正しく進めれば、インクルーシビティ(インクルーシブであること)をプロダクトに組み込むことができる。たとえば、テクノロジー業界では有色人種の人々を見過ごしてきたために対応が不十分だ。だから、インクルーシビティをテクノロジープロダクトに組み込むには、デザイン、開発、テスト、マーケティングといったプロセスの要所要所に有色人種の人々を加えなければならない。ほかの例も考えてみよう。あるチームが、自宅の見守りカメラをつくりたいとする。多くのチームは、手始めにユーザーとコアになる課題とを定義するだろう。そのプロダクトのユーザーになる可能性が最も高そうなのは誰かを判断し、何がそのユーザーのコア・ニーズかを見極める。あるチームが、仕事や学校、ちょっとした用事、そのほか何らかの理由で家を空けるときに、留守中の様子を監視したい母親たちのためにアプリをつくることにしたとしよう。このチームは、アプリの対象ユーザーをとても具体的に限定している。それ自体は必ずしも悪いことではないが、市場を限定し、目の前にある多くの利益を取りこぼしてしまう可能性がある。母親だけでなく、家にいることの多い父親や両親、祖父母、ホームヘルパー、自営業者も含むように範囲を広げる方が賢明だろう。また、そうしたさまざまなユーザーのダイバーシティは、機能などに関係するデザインの決定にも大きく影響する。

残念ながら多くの場合、企業が誰に向けてプロダクトをつくっているかというと、そのプロダクトの制作者の頭にすぐ浮かぶ、彼ら自身によく似た人たちの限定的なグループだ。これは類似性バイアスと呼ばれる。すると、多数派が対象ユーザーのペルソナとなり、コアとなる経営課題を形づくることになる。その結果、長らくこの業界から十分なサービスを受けていなかった人たちをインクルードすることができない。同じことが、どんな業界でも――テクノロジー、金融、ファッション、エンターテインメントなど、枚挙に暇がない――起こっている。たとえばプロダクトの名称を、ほかの言語ではまるで別の、悪くすると侮辱的な意味をもつ言葉だと気づかないままに付けてしまうことだってあるかもしれない。

そのようにして見逃したユーザーとそのニーズへの理解を取り込まないうち

に、プロセスが先に進めば進むほど、インクルーシブなプロダクトをつくるのは難しくなるし、費用もかかるようになる。途中で見直してある程度の成功は得られたとしても、どうも真のインクルージョンを目指してつくったものではない雰囲気は漂ってしまう。それにこれまで見過ごされてきたユーザーは、自分たちがデザインプロセスの初期段階で、あるいは全体を通して考慮されていない場合、たいていそれに気づくものだ。

プロダクトチームは、特定のユーザー像を念頭においてスタートすることが少なくない。そこから、プロダクトやサービスの恩恵を本当は受けられるべきなのにサービスが行き届いていない人たちへとユーザーの範囲を広げるのに、プロダクトインクルージョンが役立つ。狭い範囲から始めても構わないが、意識的に視野を広げ、ほかにそのプロダクトを使う可能性がある人たちや状況についても考えられるようにならなければならない。

誰でもバイアスをもっている。誰だって、特定の層の人々を見過ごしてしまいがちだ。だからこそ、プロダクトチームは意識的にいろいろな観点を出し合って議論する必要がある。できることなら、さまざまなダイバーシティの次元の人とその次元の交差した人から意見を聞ければ理想的だが、それ以外にも方法はある。少なくともほかのチームや部署にいる同僚には参加を頼めるだろう。たとえば、プロダクトの開発担当なら、マーケティングや人事部門から誰かを招くとか。一緒にブレインストーミングをして、前提条件に疑義を出し合い、互いの論拠の穴を見つけ出す。思い切ってやろう。ただ、忘れないでほしい。あくまで目的は、バイアスを明るみに出し、排除されているかもしれない人々の範囲を把握することだ。

さまざまな層へと視野を広げると、これまで考慮してこなかった機能性や使用方法が次第に見えてくる。そして、新たなチャンスが目の前に現れる。人それぞれ、持っている視点も、抱えている実情やニーズも、好みもみんな異なるからだ。多様性のある視点をまとめることで、より広い層に支持される、より豊かで革新的な最終プロダクトが生みだせる。

テクノロジーの世界でインクルージョンについて議論するとき、ダイバーシティ&インクルージョンについて「見ることができれば、なることができる」とよく言われる。これは、ある業務において誰かをあたかも自分であるように想像できれば、その業務を自分自身のために成し遂げるように考えられるという意味だ。プロダクトもサービスも、その制作者を映し出すことが珍しくない。それを気にかけるかどうかはさておき、プロダクトやサービスを見たり使用したりすれば、制作者は自分に似ているかどうかはわかる。ミッションやビジョン、プロダクト、マーケティングに人々を反映すれば、その人々は自分が対象ユーザーである、あるいは自分たちを念頭においてつくられたものだと感じ取る。誰もが自分の姿を企業、プロダクト、マーケティングのなかに見いだせるように、顧客基盤をできる限り多様性のあるものにすることが、プロダクトインクルージョンで目指すゴールだ。

疎外（エクスクルージョン）とはどんなものかを理解する

テクノロジーは、人々を平等にする巨大なイコライザーになり得るし、そうなるべきものだ。インターネットは、世界中で人々を情報に結びつけ、その情報は人々の暮らしをより良くし、可能性を引き出し、好奇心を満たし、知識とスキルを与え、自己実現へと近づけることができる。またインターネットは、情報とリソースをいつでもどこでもオンデマンドで提供できる。けれども、何百万人もの人がインターネットを利用できず、豊かなリソースの恩恵を受けられずにいる。おそらくさらに深刻なのは、自分たちについての情報をオンライン上で共有されている知見に加えられないでいることだ。

インターネットにアクセスできないのは、疎外（エクスクルージョン）の一例に過ぎないが、この例について検討すれば、見落とされ無視されている人々への共感を高めるのに役立つ。そしてエクスクルージョンがどんなものか、さらに、どのように感じられるのかを垣間見れる。どれほど不快感を覚えるとしても、エクスクルージョンには光を当てなければならない。エクスクルージョンはインクルージョンの対極にあるものだからだ。暗闇を知ってはじめて光の真価が完全に理解できるように、エクスクルージョンを理解し、それが人々にもたらす気持ちに共感してはじめて、インクルージョンを完全に理解することができる。

プロダクトを買うだけの余裕のないユーザーを疎外するとはどういうことだろうか？　プロダクトに添付された英語だけで書かれた説明書が理解できないユーザーのことは？　視力に障がいがあり、プロダクトを使用するときに読み上げソフトが必要な人については？　このように、疎外するとは、そして疎外感を感じるとはどんなものなのかを理解することは、最終的にインクルーシブな考え方を受け入れ、プロダクトをもっとインクルーシブなものにしようとする取り組みを進めるうえで不可欠だ。

ユーザーのエクスクルージョンは無意識のうちに起こっているのが常だ。プロダクトの開発者が、わざと特定の層には不向きなプロダクトをデザインしようとすることなどめったにない。ただエクスクルージョンは、プロダクトチームへの参加メンバーの顔ぶれの結果、起こってしまうことが少なくない。私たちは誰もがバイアスをもっていて、どんなユーザーのニーズも好みも理解できていると思ったとしたら、それはただの勘違いに過ぎない。とはいえ、決定や行動が意図したものではないからといっても、相手に与える疎外感の衝撃が和らぐわけではない。

これまではテクノロジーでもほかの分野でも、プロダクトチームの構成は世界全体の状況を反映したものではなかった。プロダクトやサービスのユーザーとは似ても似つかないチームでつくっていたのだ。もっとインクルーシブになるためには、多様性のあるチームをつくり、ユーザーに何が必要か聞かなければならない。ユーザーに寄り添い、彼ら彼女らがプロダクトとどう関わるのかを知り、どのように暮らしているかを観察し、プロセス全体を通して忌憚のない会話を交わす。そうしてはじめて、ユーザーにとってコアとなる課題を確認し、意見やアイデアをまとめ、受け入れてつくることができる。このプロセスの実施は、何をつくるか、どうやってつくるか、なぜつくるか、誰のためにつくるかといった鍵となる決定ができる多様性のあるグループなしには難しい。

努力する価値は十分にある。イノベーションの向上、顧客満足、成長などが見込めるからだ。顧客のために良いことをするのと、ビジネスとしてうまくやるのとは、両立できる。それどころか、このふたつは相乗的な関係にある。ダイバーシティ&インクルージョンがビジネスの成功に不可欠だとだんだん明らかになってきている。しかも、プロダクトインクルージョンは、必ずしも誰かの仕事量を増やすわけでもない。多様性のあるチームがつくられ、組織全員がインクルーシブな考え方をもっていれば、インクルージョンを難なくプロセスに一体化して仕事を大きく広げる武器にできる。

見過ごされてきたユーザーの手にテクノロジーを

——ダニエル・ハーバック
（グローバル・ソーシャル・インパクト&サステナビリティ・プログラムマネージャー）

私はグローバル・ソーシャル・インパクト&サステナビリティ・プログラムのマネージャーとして、2019年にはGoogle Homeのデバイスを支援の必要な皆さんに届ける専任チームと共に仕事をしました。なかでもGoogle Nestについては、クリストファー&ダナ・リーヴ財団と提携し、10万人近くの麻痺のある人たちにGoogle Nest Miniを届けました。

私たちのチームは、これまで社会で見過ごされてきた集団を「エッジケース（特殊なケース）」とする従来の見方を覆し、そうした集団こそが間違いなくすべての人の生活を向上させるソリューションになるのだという仮説に、誰もが認めるような証拠を示すことに力を注いでいます。

そうした声を強めるためにできることは、デザインから配送までどんなに些細なところにもあります。

ご存知の通り、テクノロジーには人と人との距離を縮めるとてつもない可能性があります。自動運転車から携帯電話、小型イヤホンのようなウェアラブルデバイスまで、イノベーションは交通安全、家族のつながり、個人の健康といった世界にうれしい進歩をもたらします。

ただ残念ながら、現実には、私たちはテクノロジーが分断を起こすのをそのままにしています。世の中の5人に1人は障がいを抱えていて、世界最大の見過ごされたコミュニティなのはまず間違いありません。音声操作可能なスマートホーム・デバイスなどは麻痺のある人のためにつくられているように思えるでしょうが、実際には自宅にそうしたテクノロジーを導入している割合は、障がいをもつ人の方が2割低いようなのです（http://pewrsr.ch/2og9Q4z）。

麻痺をもつ人たちの集団は、次のアップデート版でサポートすればこと足りるエッジケースではありません。プロダクトは、当初から、まさにそうした人たちに役立つようにデザインされていなければならないのです。障がいを抱える人のさらなる自立に役立つデザインをすれば、多くの場合は思いがけないかたちで、必ずほかの人たちの暮らしを向上させることができます。たとえば、プライバシーを保護する機械学習で音声認識技術が向上すれば、障がいをもつ人たちが、大切な人により正確かつ素早く連絡でき、日常生活を送りやすくなり、好きなエンターテインメントを楽しめるようになるだけではありません。あらゆる人にとってプロダクトが進歩するのです。

用語を共有する

言葉がばらばらだと誤解につながるので、重要な用語は定義しておくことが欠かせない。プロダクトインクルージョンの議論で最も重要なのが、「プロダクトインクルージョン」「ダイバーシティ」「エクイティ」「インターセクショナリティ」の4つだ。

プロダクトインクルージョンとは、プロダクトのデザインと開発の全プロセスをインクルーシブ・レンズを通して見つめ、プロダクトをより良いものにし、さらにはビジネス面での成長も加速させることだ。プロセスの重要な節目節目に多様な視点をもたらし、それが刻み込まれれば、より幅広い購買層に向けたプロダクトをつくるプロセスになる。

ダイバーシティとは、集団内にいる人々の違いのことで、社会的アイデンティティ（ジェンダー、人種、宗教、年齢、性的指向、性自認、能力、階層、社会経済的地位など）、バックグラウンドや個人的な属性（これまでに受けてきた教育と訓練、経験、収入、価値観、世界観、考え方、信条に基づく所属など）、そのほかの違い（場所、言語、利用できるインフラなど）を含む。

エクイティとは、アクセス、チャンス、成功という点ですべての人にとって公正公平であることだ。現在は、社会的あるいは文化的アイデンティティが多少なりとも成功できるかどうかに関係している。エクイティには、そうした成否予測ができる状況を完全に取り除くことが求められる。平等（イクオリティ）と混同しないように。「イクオリティ」はすべての人にとって同じであることを意味する一方、すべての人にそれぞれが成功するのに必要なものをもたらすのが「エクイティ」だ。エクイティに注視することで、不公平な行為を押しとどめ、バイアスをなくすことができる。

インターセクショナリティ（交差性）は、キンバリー・クレンショー教授による造語で、「人種、階層、ジェンダーといった、特定の個人や集団に当てはまるような社会的カテゴリーが複数交差した特性で、差別や不利な立場の重なりや相互依存をつくりだすとされるもの」と定義されている。

個人が複数の次元にわたるダイバーシティをもつことが多い点も重要だ。たとえば、私は黒人で、身長は180センチ近くあり、1世のハイチ系アメリカ人、左利きで女性。複数の言語を話し、内向的で、ときどき数字や文字を混同したり読み順を間違えたりする。圧倒的に視覚型の学習者（ビジュアル・ラーナー）で、教わるよりもやってみて学ぶ方が得意だ。人種、身体的特徴、学習スタイルなどにまたがるこうした特性は、どれも私がこの世界の中でどのように行動し、人々が私をどのように見るかを左右する。ただ、私とほかの人たちとの違いをつくるものの断片でしかない。私の特性は全体として見られるべきもので、月曜日には黒人、火曜日には1世のハイチ系アメリカ人、水曜日には左利きというわけではない。常に全特性が現れ、私がプロダクトとサービスをどう利用し、どう関わるかに影響を及ぼしている。

多様性のある視点をもつだけでは不十分だ。それぞれの違いが目に見えるように、そして発展させられるようにしなければならない。インクルージョンについて議論し受け入れるとき、私たちはあらゆる人のものの見方や発言に価値を見いだし、その多彩なニーズや観点を積極的に考慮し、受け入れてみせる。インクルージョンによって達成できることを挙げてみよう。

- 歴史的に見過ごされてきた集団を既存の場に招き入れるだけでなく、グループ全員で協力してつくりあげるカルチャー
- さまざまな人が正式に一員となって活動できるカルチャー
- 間違いなくすべての人が敬意を払われるカルチャー

プロダクトインクルージョンによって、私たちはダイバーシティの議論にプロダクトとサービスを加えつつある。プロダクトのデザインと開発の観点から、ダイバーシティ、エクイティ、インターセクショナリティについて考え、語り始めているのだ。さらに言うなら、こうした用語、コンセプト、実践は、プロダクトのデザインと開発にとって不可欠だ。どんなプロダクトも、そのプロセスに

インクルージョンを組み込まない限り、完ぺきにはなり得ないのだから。

ダイバーシティ&インクルージョンをプロダクトとサービスへと広げる

従来、ダイバーシティ&インクルージョンの焦点は、組織内のカルチャーやレプリゼンテーション〔集団内の多様性の表現・表出〕だけに絞られてきた。プロダクトインクルージョンによって、そうした考え方や視点を、ただインクルーシブにつくるだけでなく、ダイバーシティ&インクルージョンを「行うべき正しいこと」と捉え、さらには理にかなったビジネス慣習として構築するところまで発展させる。おなじみの格言の通り、「正しいことをして、成功する」ことができるし、組織ができるその「正しいこと」の鍵となるのが、雇用慣習において、またプロジェクトのデザインと開発のプロセスにおいて、人々を公平に扱い、協力して進めることだ。

「正しいことをすることで、成功する」という考え方はデータにも裏付けられている。2019年8月、フィメール・クオティエントはイプソスとGoogleと組み、2,987名のさまざまなバックグラウンドをもつ米国の消費者を対象に、彼らがダイバーシティやインクルージョンを感じる広告に触れたときの認識を詳しく知るための調査を行った[1]。イプソスのマルチカルチュラル・センター・フォー・エクセレンスのシニアVPで、当該調査の研究リーダーの1人だったバージニア・レノンによると、「この調査の目的は、広告、イメージ、組織における正しいレプリゼンテーションが消費者の目にはどう映るのかについて、理解を深めるのに役立たせること」だった。

この調査では、広告内でのダイバーシティ&インクルージョンに関係する12のカテゴリーについて参加者の認識を尋ねた。具体的には、広告活動においてインクルーシブで多様であるためにブランドが留意すべきものがあるとすれば、性自認、年齢、体型、人種や民族、文化、性的指向、肌の色、言語、宗教や精神的な所属、身体能力、社会経済的地位、全体的な外見のうちどれかを聞いている。

[1] https://www.thinkwithgoogle.com/consumer-insights/inclusive-marketing-consumer-data/

それから、ダイバーシティやインクルージョンを感じる広告活動を見た後に、広告対象のプロダクトやサービスに対してどんなアクションを取ったか、もしあれば教えてほしいと尋ねた。選択肢となった「プロダクトに対する」アクションは次の通りだ。

- そのプロダクトやサービスを購入した、あるいは購入計画を立てた。
- そのプロダクトやサービスについて考えた。
- そのプロダクトやサービスについてさらに詳しい情報を探した。
- そのプロダクトやサービスの価格を比較した。
- そのプロダクトやサービスのことを友人や家族に尋ねた。
- そのプロダクトやサービスの評価やレビューを探した。
- そのブランドのWebサイトやSNSにアクセスした。
- そのプロダクトを購入するWebサイトやアプリ、あるいは店舗を訪れた。

この研究の結果、米国の消費者の64%が、同研究で取り上げている12のカテゴリーに関係するダイバーシティあるいはインクルージョンを感じる広告を見た後に、プロダクトに対するアクション8つのうち少なくとも1つをとっていることがわかった。さらに、その割合は、ラテンアメリカ系(85%)、黒人(79%)、アジア・太平洋諸島系(79%)、LGBTQ+(85%)、ミレニアル世代(77%)、ティーンエイジャー(76%)と、特定の消費者集団で高い傾向が見られた。また、調査対象としたさまざまな集団の中で、黒人とLGBTQ+の消費者はダイバーシティ&インクルージョンを示す広告を強く好む傾向があった。

全般的に、調査結果がはっきりと示すのは、一般的な人々も歴史的に見過ごされてきた消費者も、今や広告の中の正しいレプリゼンテーションに強く同調するということ、そしてダイバーシティ&インクルージョンへの期待の高まりが、ブランド、プロダクト、サービスの選択に影響を及ぼしているということだ。

この調査からは、次のような点も考察される。

- 黒人消費者の69%に、自分たちの人種・民族性をポジティブに表現する広告を打っているブランドから購入する傾向がある。
- 黒人消費者の64%が、プロダクトやサービスをつくるにあたって女性や少数派（マイノリティ）、見過ごされている人たちを雇用しているブランドから購入しがちだと答えている。

- LGBTQ+消費者の71%が、広告にさまざまな性的指向の正しいレプリゼンテーションが見られるブランドを積極的に探す傾向がある。
- LGBTQ+消費者の68%に、さまざまな性的指向をポジティブに表現する広告を打っているブランドから購入する傾向がある。
- LGBTQ+と黒人の消費者の60%が、女性やマイノリティ、見過ごされてきた人たちを雇用している企業の方が、そうでない企業よりも良いプロダクトやサービスをつくりだすと考えている。

バージニアが言うように、「いまの世代の消費者は、人種、ジェンダー、民族、性的指向のインターセクショナリティによってますます多文化になってきている。そうした消費者が、ブランドにインクルーシブであること、実社会を広告に反映することを期待しているのが、この調査からは一目瞭然だ」。

Googleで実施した追加調査でも、全般に、消費者の大多数が企業にはインクルージョンを優先してほしいと考えていることがわかった（第2章参照）。

こうしたデータから、顧客のダイバーシティ&インクルージョンへの期待の高まりに応えれば巨大なビジネスチャンスになるのは明らかだ。ダイバーシティ&インクルージョンはカルチャーやレプリゼンテーションと密接な関係があるうえに、事実としてインクルーシブなデザインは優れたプロダクトやサービスをつくりだすのだから、この「正しい行い」はダイバーシティ&インクルージョンのためのビジネスケース（p.93を参照）に深く関係する。

見過ごされてきたユーザーとのコミュニケーションの必要性を知る

プロダクトチームの原動力は、ユーザーのニーズを満足させたい、あるいはユーザーの問題を解決したいという意思だ。ただ残念ながら、顧客のニーズや問題につながる要素は何か、その要素はどう問題につながっているのか、どうすればプロダクトによってその問題を解決したりニーズを満足させたりできるのかをしばしば誤解している。そうした思い違いがどれほど的外れになるかは、多くの場合、プロダクトチームのメンバーと、サービスの提供相手である顧客との違いの大きさに比例する。またその誤解の要因になるのは、間違った仮説、狭い視野、チームメンバーのもっていたバイアスなどだ。

それに加えて、顧客のニーズや好みを決める要因は絶えず変化することをプロダクトチームが考慮できていないこともよくある。たとえば消費者行動は、経済状況、カルチャーやグループの影響、購買力、個人的嗜好、状況の問題といった要因に影響されるものだ。そしてそうした要因も、その相互作用も、常に変化する。その結果生まれる動きは、一見シンプルな問題でもその裏にはフィードバックループがあり、とても複雑で理解し難いことがある。特に、外側から覗きこむときはそうだ。

その結果、顧客のニーズや欲しいものについての仮説が、プロダクトが実際に利用されるもっと広い社会の実情を見落とした単なる推測になりがちだ。そうした仮説には、たいてい透明性がなく、重視されていないステークホルダー（顧客）の視点や実体験が取り入れられていない。そしてできあがったプロダクトは、しばしばニーズの要点を外し、特定の層をまるまる排除してしまうような思いも寄らぬ結果を招く。だから、プロダクトのデザインプロセスには、視点のダイバーシティが絶対に欠かせない。

社会、経済、エコロジー、経営のような複雑なシステムの中で、問題やニーズが常に変化することを認識するというのは、なにも新しい話ではない。事実、「システム・ダイナミクス」という分野が50年以上前に生まれている。これは、複数要因の相互依存や相互作用、フィードバックのループ、循環する因果関係を含む複雑な問題を理解し、議論するための方法論だ。私はこのシステム・ダイナミクスの大部分を、いくつかのプロジェクトで一緒に仕事をした2人のGoogler、ドナルド・マーティンとジャマール・バーンズから学んだ。システム・ダイナミクスがプロダクトインクルージョンの文脈では何を意味するのか、ドナルドから聞いたのが次のコラムだ。

システム・ダイナミクスについて

——ドナルド・マーティン・Jr.
（テクニカル・プログラム・マネージャー&ソーシャル・インパクト・テクノロジー・ストラテジスト、MLフェアネス、エシカルAI&セーフティ）

システム・ダイナミクス（SD）は、MITで50年以上前に創案された、質的にも量的にも複雑な問題を説明しモデル化するための方法論です。私たちは複雑に変化する社会状況の中でプロダクトをつくり、活用します。SDは、その特徴であるフィードバックループ、非線形性、時間経過につれての変化に対処できるように最適化された方法論です。このよく練られた手法を用いれば、プロダクト開発の原動力となるユーザーニーズに関する潜在的で不完全な仮説を、因果ループ図やストック&フロー図と呼ばれる視覚的モデルによってわかりやすく示すことができます。このアプローチでは、集団でモデル構築セッションを行い、複数の人が参加することで多様性のある視点を確保し、なおかつ透明性をもって、仮説を評価し改良していくことが欠かせません。このプロセスからは、解決すべき問題に共通する動的仮説という重要な成果が得られ、それを定量化しシミュレーションすることで理解を深めることができます。コミュニティ・ベースド・システム・ダイナミクス（CBSD）はSDの一種であり、コミュニティ内に自分たちが直面している問題を描写しモデル化する能力を構築することに特化しています。そうしたコミュニティがつくる現場ベースでの説明やモデルは、これまで排除されてきた集団を取り込んで、すべての人に役立つプロダクトをつくろうとするユーザーエクスペリエンスの研究者やプロダクトマネージャーにとって、人間の経験やユーザーニーズに関する貴重なデータ源です。CBSDによって、従来は排除されていたステークホルダーのコミュニティも、貴重な専門知識をもたらすパートナーとして、問題解釈やプロダクトの構想といった初期段階から完全に参加できるようになります。

現在の機械学習（ML）革命は、大きな期待とともに大きな危険性ももたらしています。MLシステムは、社会の既存バイアスを増幅させがちです。そのため、MLベースのプロダクトが使われる社会的な背景を理解することが、より重要な意味を持ちます。CBSDには、すべての人と共にインクルーシブなMLベースのプロダクトをつくるにあたって、必要な理解を得るためのアプローチとなることが期待できます。

「すべての人のために、すべての人でつくる」を実現するには、さまざまなバックグラウンドのユーザーだけでなく、プロダクトが対象とする問題領域に精通した専門家や、そうした問題に関わりのあるステークホルダーとも協力することが必要だ。そうしたパートナーやステークホルダーが加われば、チームにとって自分たちの提案するソリューションの影響をより深く理解し、新たな問題領域やターゲットとなる市場を見いだす助けになる。

たとえば、顧客からドライクリーニングする衣類を集荷してクリーニング店へと届けるロボットをつくろうとしているチームがあったとしよう。チームはさまざまな賛同者にはたらきかけ、その賛同者らは「サービスを利用するよ」と熱烈に答える。そしてチームはプロトタイピングを始める。ただ、コミュニケーションの相手がメンバーと「賛同者」だけなので、このチームは限られた視点からしか顧客のニーズや好みを見ることができない。こうした場合、次のように自問自答し、自分たちの仮説を疑ってみるといい。

- 意見を求めた人たちに欠けている層はないだろうか？
- 根本的な問題は何か？　利便性、コスト、あるいはスピード？
- 利便性が一番か、特別な手入れが一番か？
- ドライクリーニングのアプリで取りこぼすのはどんな人で、拡大するにはどうすればよいか？　たとえば、通常の洗濯だけしてほしい人はどうする？　性別によるドライクリーニングの価格差はどうする？　社会経済的地位のレンズを適用するのはどうか？
- このプロダクトに対するもっと大きなニーズは本当にあるのか？
- 環境や地域社会（地元のドライクリーニング店）への影響は？

プロダクトチームは、スタート前に自分たちの仮説を文書化し、「賛同者」だけでなく、そのアイデアを認めなさそうな人たちにも検証してもらう必要がある。プロダクトを評価しない人々からのフィードバックは非常に重要だ。チームがデザインプロセスを進め過ぎて、リソースやプロダクトの最終的な成功を危険にさらす前に、そうしたフィードバックによって弱点が浮き彫りになったり、当初の仮説に穴が開いたりするかもしれないからだ。

ターゲットではないがプロダクトの影響を受ける可能性のあるステークホルダー、あるいはコミュニティからのフィードバックも積極的に求めなければならない。また、プロダクトを提案して検証するためにフィードバックを求めること（たとえば、「こういうドライクリーニングのアプリをつくっていますが、こうした機能についてどう思いますか」）と、根本的な問題そのものに対するフィードバックを求めること（たとえば、「衣類のクリーニング費用を単純化して引き下げたいと思っています。どのような課題やチャンスがあると思いますか？　またどのようなアイデアがあるでしょうか？」）には決定的な違いがある。

人々に寄り添い、真摯に耳を傾ければ、ポジティブな社会的インパクトや、市場・ユーザー拡大の可能性を引き出すことができる。これまで見えていなかったニーズや問題を発見し、別の状況なら考えられなかったようなソリューションを見つけられるかもしれないし、それによって、当初の市場分析では見落としていた何億もの人々にアピールできるかもしれない。

ケーススタディ：
どんな業界でもインクルージョンを優先させよう

ダイバーシティ＆インクルージョンのビジネスケースを裏付ける統計は確かに説得力があるけれども、それ以上に強力にその効果を示すのが、勝敗を示すケーススタディ——インクルージョンを優先させたことで成功した組織と、そうしなかったことで損害を受けた組織の事例だろう。ここでは、ビジネスにおけるダイバーシティ＆インクルージョン効果が実感できるケーススタディをいくつか紹介する。

› 既定の形やサイズ以上のものを

つい最近まで女性だけで宇宙遊泳する様子を見たことがなかったのはなぜか、不思議に思ったことはないだろうか？　宇宙服のサイズが合わず、S、

M、Lしかなかったためだ。

ダイバーシティを優先せずにプロダクトをつくると、特定の属性にあたる人たちが取り残されてしまうことがある。表面的には、宇宙服のサイズにあまり選択肢がないことなど些細な問題のように思えるが、これは女性だけでなく、その人向けにあつらえられていない限りは、どんな人も対象となる選択バイアスになる。そのような制限のある状況では、宇宙での特定のミッションから閉め出される人たちが生まれるだけでなく、そうしたミッションを通して得られる経験や知見のダイバーシティも妨げられてしまう。

オレゴン大学のスポーツ・プロダクト・デザイン・ディレクターであるスーザン・L・ソコロフスキーは、宇宙服のデザインがインクルーシブでないのは、予算上の制約と指導的立場にある女性の少なさという複合的な理由の結果だと言う。スーザンはこう説明する。「準備されている宇宙服では不十分だという問題は、私がプロダクトエコシステムと呼ぶものの中にあると思います。研究開発予算は、プロダクトの研究開発チーム以外によって決定されることが多く、その決定権者は男性であることが大多数です。CEOレベルの女性のレプリゼンテーションを思い浮かべてみれば、フォーチュン500企業のうち女性CEOは4.2%に過ぎません」[2]。

インクルーシブデザインの研究を進めているスーザンによると、女性向けのパフォーマンスウェアをつくるには、男性向けウェアを小さくするだけでは不十分だ。一番の違いは体型とサイズ。インクルージョンに真剣に取り組むプロダクト開発者らは、女性用パフォーマンスウェアのデザインに先立って、3Dボディスキャン、人体計測、データの統計的分析など、いくつものツールを駆使して慎重に検討を行う。その研究結果が、パターンの作成だけでなく、素材の製造や選択、またどうやってテクノロジーを身体に合わせてつくるかにも影響を及ぼし、ユーザーが安全かつ効率的、そして可能な限り快適に業務を実施できるようになるのだ。

2018年冬のアパレル・スタジオ・ファイナル・プロジェクトで、デザイナーのオリビア・エコールズは女性特有の身体的・生理的な特徴の両方を考慮したNebrio Space Braをデザインした。

---

[2] https://fortune.com/2016/06/06/women-ceos-fortune-500-2016/

アパレルデザインの世界を全体的に眺めたときに女性が見過ごされてきたグループではないのは確かだが、仕事やスポーツ用のパフォーマンスウェアやプロダクトを開発する業界では、女性は歴史的に見過ごされてきたと言える。世界の人口の概ね半分が女性である事実を考えると、女性にぴったりで機能的で、生活を豊かにするプロダクトをつくることは、ビジネスの成長と活性化に欠かせない。

また、二者択一（バイナリー）ではないジェンダーを考えることも重要だが、見落とされることがよくある。ノンバイナリーの体型はどうやってさまざまなデザインに合わせるのだろう？　プロダクトやサービス、（さらにできれば）形態を、ノンバイナリージェンダーを自認する人たちに適応させるには、どうすればいいのだろうか？

› すべての人が快適に使えるVRヘッドセットをデザインする

Googleがバーチャル・リアリティ（VR）ヘッドセットの開発に着手したとき、デザインチームのメンバーの思いは「すべての人のためのヘッドセットをつくりだしたい」というものだった。課題がいくつもあるのはわかっていた。頭が大きい人、小さい人、メガネをかけている人など。それに、性別や人種などによって額や頬骨の形状は異なるし、髪にボリュームがある人もいて、そうした違いが装着感や快適性、ヘッドセットの付けやすさを左右する。

インクルーシブなVRヘッドセットをつくるために、チームはプロセスを通して一貫して肌の色、ジェンダー、髪の毛の質感などが異なる人たちと共にテストを繰り返した。また、3Dプリンタで制作したマスクを使い、額や頬骨にかかる圧力が均等になるように顔面への圧力分布をテストするなど、興味深い手法も採用した。

デザインと開発のプロセスを通し、チームにこれといった「アハ体験」はなかった一方で、できあがったプロダクトに確実に影響を与えたのは、プロセスにダイバーシティを取り入れる努力だった。特に快適さを追求し、素材には「身につけたくなる服」をベースに、肌触りが柔らかく、柔軟性があり、通気性に優れたものを選んだ。また、メガネをかける人のために、目の近くにはスペースをつくって余裕をもたせ、ストラップは頭の大きさに合わせて調整しやすいようにデザインした。最終製品では、プラスチックと布とを組み合わせて軽量化も図っている。

現在、Googleには全ハードウェア・デバイスを網羅するワーキンググループがある。ハードウェアのデバイスとサービスのエグゼクティブ・スポンサーを務めるのはレスリー・リーランド。彼女がインフラとプロセスの構築を進めたおかげで、チームはプロダクトインクルージョンの原則をハードウェアのデザインの推進に取り入れられるようになった。

› 女性や子供が受けるエアバッグの衝撃を見落とす

プロダクトデザインが特定の層を見落として行われていたとき、その結果はときに悲劇的で、命に関わることすらある。初期の自動車のエアバッグのデザインがその例だ。最初のエアバッグの開発チームは男性だけで構成されていて、計算には男性ベースの身長と体重の数値を用い、標準的な男性の体型をしたダミーによる衝突試験でプロトタイプのテストを行った。そして初めて自動車に搭載されたそうしたエアバッグで、女性や子供が命を落とすこととなった。

2006年、米国運輸省道路交通安全局（NHTSA）は、従来よりも小さいダミーを使用して衝突試験を実施するようにルールを見直した。

> NHTSAは、衝突時の乗員保護に関する安全基準を改正し、ベルトを装着した5パーセンタイルの成人女性試験用ダミーを用いた前面衝突試験の最高速度を、ベルトを装着した50パーセンタイルの成人男性ダミーを用いた試験で採用したのと同じ56km/h（35mph）と定める。この改正は、小柄な乗員の衝突防止性能の向上を目指して採用するものである。なお、同新要件は、50パーセンタイル成人男性ダミーを用いた最高速度56km/h（35mph）の試験要件と同様に段階的に導入されるが、発効日は2年後の2009年9月1日とする。[3]

極めて頻繁に使用されるプロダクトの中にも、すべての人に向けてつくられていないものがある。そして、ただ煩わしいだけのこともあれば、命に関

---

［3］https://www.federalregister.gov/documents/2006/08/31/06-7225/federal-motor-vehicle-safety-standards-occupant-crash-protection

わるほど重大、あるいは本当に死に至るものまでさまざまな結果を生みだす。可能な限り、そうしたプロダクトへの仲間入りは避けなければならない。プロダクトのデザインや開発のプロセスにインクルーシビティが取り込まれていなければ、世の中を発展させて明るい未来を築く、画期的なソリューションを開発するイノベーションのチャンスも大きく損なわれる。対して、インクルーシブデザインを進めるいくつかの鍵となるアクションを優先できたなら、現在さらには将来の全ユーザーのコアとなる課題に応えられる、ポジティブな結果につながるのだ。

Googleのプロダクトインクルージョンチームはどうスタートしたか

プロダクトのデザイン・開発プロセスにプロダクトインクルージョンを取り入れるのを、面倒な仕事にしてしまう必要はない。ゆっくりスタートし、だんだん勢いをつけていけば、きっとその先に楽しくてやりがいのある、エキサイティングな旅が待っている。実際Googleでも、プロダクトインクルージョンは「20%プロジェクト」―― Googleでは、勤務時間の20%までなら好きなプロジェクトに費やしてもいい―― のひとつとして始まった。Googleの大きなインパクトをもたらす最高にクールなプロダクトは、その多くがこの「20%プロジェクト」としてスタートしている。

私たち数人のGooglerは、ダイバーシティ&インクルージョンというトピックが、おもしろい20%プロジェクトになりそうだと考えた。当時はまだ、ダイバーシティ&インクルージョンといえば、たいていカルチャーやレプリゼンテーションの話で、プロダクトやビジネスの開発といった文脈で議論されることはなかった。そんな中、マネージャー兼ディレクターだったクリス・ジェンティールは、中小企業がオンライン化され、認知されている割合がいかに少ないかを数年かけて調査していた。8年ほど前、クリスの20%プロジェクトで、私もそうした中小企業のオンライン化と知名度の向上を共に支援した。そしてそのプロジェクトをきっかけに、どうすればダイバーシティ&インクルージョンによってビジネスの成果を向上させられるかを考えるようになったのだ。

私たちのチームは、共に新しい試みをしたり、私たちがいったい何をしているのか理解したりするのに前向きな、ほかのチームと一緒に取り組みを進めるようになった。そしてメンバーの何人かは、ディレクターのヨランダ・マンゴリーニの支援もあって、Google内のさまざま取り組みに重なる部分があると気づき始めた。当時、アリソン・ムニチエロと私はダイバーシティ・ビジネス・パートナーであり、社内最上位クラスのリーダーらと共に、あるプロダクト領域のための全体的なダイバーシティ&インクルージョン戦略を策定する役割を担っていた。一方、ビジネスインクルージョン業務のリーダーはクリスで、そのチームにはビジネスと情報格差の共通点について調べていたアリソン・バーンスタインもいた。また、クリスは、ランディ・レイズのような従業員リソースグループ（ERGs）のアドバイザーとも緊密な協力関係にあった。そうした環境のなかで、私たちの取り組みは、ひとつ残らずプロダクトのデザインプロセスに不可欠なものだということ、また、私たちが必要とする複数の視点を得るにはコミュニティが大切な要素であること、さらに戦略や説明責任、雰囲気を決定するシニアリーダーは非常に重要であることがわかった。

それまで私たちはチームとして、プロダクトチームのリーダーとメンバーという立場にある人たちを、明らかにダイバーシティ・イニシアチブに取り組んでいない限りは活用していなかった。けれどもアリソンと私には、業務上、プロダクトマネージャー、エンジニア、テクニカルプロダクトマネージャー、ユーザーリサーチャーなどにも接するチャンスがあった。また、異なるプロダクト領域を案内し、協力を希望するチームを見つけてくれる、ソウミャ・スブラマニアンのような強力なシニア・アドボケイト〔開発者やプロジェクトを支援する役目の人〕も得ることができた。そうした流れで、プロダクトのデザインプロセスにインクルージョンを取り込むとどうなるか（これが最終的にはプロダクトインクルージョンへと発展した）を少しだけ垣間見る経験ができたのだ。

Googleについて考えるとき、私たちはこの企業をプロダクトの見本一覧（ポートフォリオ）のように思い描いていた。プロダクトにはひとつとして同じものはないし、成熟度もまちまちだ。しかしGoogleでは、野心を持って考え、明確でない状況で成長し、手強い問題を解決せよとも推奨される。私たちは、いったいどうすれば情報格差の橋渡しができるか、さらにどうすればそのソリューションを取り入れ、Google製品のポートフォリオ全体で、全世界のユーザーに向けたサービス提供に対する意識を高める方法を見つけられるだろうかと考えた。

初めてそうした考えを実行に移したのは、エンジニアのピーター・シャーマンがやってきて、自分のチームに持ち帰るチェックリストを求めてきたときだった。彼は、自分が仕事の中でダイバーシティ＆インクルージョンを考慮できているか確認したかったのだ。チェックリストこそなかったものの、もちろんピーターのチームと一緒にアイデアを出し合うのは望むところだった。

ピーターがすばらしかったのは、ふつうは職場では触れづらい人種というトピックについて、とてもオープンに話してくれたことだ。近接センサーやカメラに取り組むなかで、自分たちのチームには本当にインクルーシブなプロダクトをつくるのに必要な人種のダイバーシティが足りないと気づいた、とピーターは人種をすぐさま議論の俎上に載せた（詳細は次のコラム）。

プロダクトインクルージョンの初パートナー

——ピーター・シャーマン
（Googleのエンジニア）

後のGoogleプロダクトインクルージョンチームと協力し合う直前、私の取り組んでいたプロジェクトには近接センサーとカメラがあって、どちらも肌の色にかかわらずどんな人でもうまく機能するようにしなければなりませんでした。しかし、開発チームはとても小さく、微調整やそれに続く検証テストの実施に必要な、幅広い範囲の色の肌をもつ人を準備する方法が見つかりません。プロダクトを確実にインクルーシブなものにすることがどれほど重要かは理解していましたが、その必要性に十分に対応できるツールもリソースも持ち合わせていなかったのです。また、特にテクノロジー業界での人種のダイバーシティの課題を考えると、これはとてもセンシティブなトピックであるのも承知していました。こうした横断的なテストを計画する際には、参加者の感情を意図せず害することのないよう、コンテクストと枠組みづくりが非常に重要になります。

当時のGoogle内には、そうした問題となり得るテーマへの取り組みのベストプラクティスをアドバイスする人もコースも、チームもなく（社外でそのようなものを見つけるのはさらに困難でした）、私は自分が常に思慮深く敏感に行動できていると確認したいと思っていました。そんなときに知ったのが、ダイバーシティチームの存在と、マルチカルチュラル・サミット2015の開催であり、そこにはプロダクトをもっとインクルーシブにするという目標達成に必要な、けれども困難の多い議論やプロセスに挑もうとするチームや聴衆が集まっていました。

このサミットで参加者の多くが語ったのが、肌の色のせいで満足できる画像をカメラで生成できなかった実体験でしたが、その一方でカラー写真の開発における偏見の歴史や、インクルーシブに考え開発すれば、その体験は必ず改善できると知っている人はほとんどいませんでした。映像関係が専門の仕事でない人は、そうした問題を技術的な限界として片付けがちなのです。

私たちは、インクルーシブテストのガイドラインやベストプラクティスを確立し、それによって社内だけでなくより広いエコシステムで、センサーの調整プロセスでの偏りをなくすという目標に向けてどう取り組んでいくかを議論し、サミットの参加者の興奮し決意する姿に大いに勇気づけられました。技術的な課題はこれからも常に存在しますが、インクルーシブな思考で開発していけば、どんなユーザーにとってもより良く、より公平な体験を実現するのに役立つでしょう。

私たちは、Google従業員のダイバーシティを象徴するGooglerのために開催したサミットにピーターのチャレンジを持ち込んだ。このサミットは、ダイバーシティ絡みの20%プロジェクトにすでに関わっている先駆者らのための、アリソン・バーンスタイン率いるインクルーシブデザイン・サミットと組み合わせて実施された。まだどのようになるのか正式な体制ができていなかったものの、すでにインクルージョンを仕事に取り入れる重要性を論じていた数人のリーダーから、両サミットの開催中に話を聞いた。

そうした仕事をしているGooglerが、ダイバーシティ&インクルージョンチームから得たいと挙げたのは、支持の声（アドボカシー）、インフラストラクチャ、フレームワーク、とわずかなものだった。彼らにしてみれば、ダイバーシティ&インクルージョンは自身の主要業務ではなかったからだ。それに、インクルージョンは仕事に関わる個々人によって違って見えるものなので、潜在的な影響を明確にしたり、チャンスを見いだしたりするのは困難なときがある。

このような初期に進めたさまざまなチームとの議論によって、アイデアがひらめき、私たちのチームに火が付いた。そして、どんなデータが必要になるか、どんなサービスが提供できるか、どうすれば各チームの成長と学びのために再現可能な実践方法をつくりだせるかを考えるようになった。プロダクトに共通するインクルージョンについてのこうしたアイデアが大きな衝撃をもたらす可能性に気づき、それを明らかにする旅へとこぎ出したのだ。その私たちの20%プロジェクトグループは進化し、現在では「プロダクトインクルージョン」として知られている。

2019年初頭には、私たちのプロダクトインクルージョン・ポッド（Googleでの小規模チームの呼称）は、次のようなミッションとビジョンを打ち出した。

> Googleは、見過ごされていたユーザーが主役になり、認められ、向上できるのに役立つプロダクトをデザインする。またGoogleは、プロダクトの機会と不公平に取り組むべく、そうした見過ごされてきたコミュニティの声、技術的専門知識、視点を中心に据えるとともに、従業員、パートナー、ユーザーとしての彼ら彼女らの貢献を尊重する。この努力は全員が共有する。一般の従業員から上層部までの全Googlerが、インクルーシブにつくる協力体制の一員としての責任を担っている。

インクルーシブデザインをプロダクトの開発やマーケティング、その他の分野に組み込み始めるなら、少なくともその当初には、意識やカルチャーを変えることに最大限力を尽くしてほしい。組織内の誰もが疎外（エクスクルージョン）が消費者にどう影響するか、それに対してインクルーシブデザインはイノベーションと成長との原動力となりながら、消費者の生活にどのように好影響をもたらすかを十分に理解すれば、インクルーシブデザインの原則と実践を積極的に受け入れるようになるだろう。そして、より多様性のある同僚や顧客と接するにつれて、すべての人のためのプロダクトをつくるのに欠かせない共感と理解を深めるようになる。

クリス・ジェンティール、サプライヤー・ダイバーシティのディレクター

私は、ビジネスインクルージョンチームを立ち上げたリーダーとして、Googlerとそのコミュニティを力づけて、プロダクトとビジネスを通してよりインクルーシブなカルチャーや、もっと多様性のあるGoogle、そしてあらゆる人に公正な成果をつくりだそうとするGoogleの取り組みを10年以上見てきました。

プロダクトインクルージョンとは、社内のどんな立場かにかかわらず全員を結びつけることです。トップダウンのこともあれば、ボトムアップの取り組みになることもあります。Googleのインクルージョン・チャンピオンと従業員リソースグループ（ERGs）は、一部での実験や、私のチームが3年かけて実現化して全社に広げた新たなアプローチによって、DE&I（ダイバーシティ、エクイティ、インクルージョン）でのイノベーションを推進しています。私は、こうしたプログラム、さらにほかのプログラム（サプライヤー・ダイバーシティ・プログラムもそのひとつ）を通じてプログラムやパートナーシップを主導し、有色人種や女性、LGBTQ+のアントレプレナーに5億ドル以上の直接的な経済効果をもたらし、実利面でもユーザーの信頼の面でも成果を上げました。

ビジネスインクルージョンにも注力してきたディレクターとして最も重視すべきと考えるのは、プロダクトインクルージョンは、ダイバーシティのさまざまな次元から情報格差の橋渡しをするだけでなく、ビジネスチャンスも増大させるものだとリーダーも企業も理解することです。

私たちはこのプロセスを通じて、Googleの多様性のあるユーザーを反映し、そのユーザーにサービスを提供できるプロダクトを生みだすため、そしてよりインクルーシブなカルチャーをつくるために必要な幅広い視野を活用しています。

CHAPTER

2

Googleで行った キャップストーン・リサーチ：

私たちが学んだもの

どんな新しいビジネス・イニシアチブを立ち上げるときもそうだが、とりわけプロダクトインクルージョンのような未知数のものの場合、実施に先立って理解を深めるためにリサーチを行う方が絶対にいい。私たちプロダクトインクルージョンチームも、まず実証実験を行い、パイロットプログラムを通して理解を進めていった。インクルーシブなプロダクトデザインが正しい行為だというのはわかっている。けれども進めていくにつれて、この分野を深く掘り下げる調査は不足していて、データをさらに集めて分析する必要があることがわかってきた。

さまざまなダイバーシティの次元、そうした次元の交差、個々人の違いが人々やプロダクトにどのように影響しているかを見渡す既存調査はほんのわずかしかない。私たちは、インクルージョンのビジネスケースを立証するとともに、証明された事実を体系化して、人々を気づきからアクションへと移行させたいと考えた。目標は、ダイバーシティ、エクイティ、インクルージョンはビジネスのコア・バリューになるべきものであり、プロダクトデザインのプロセスに不可欠だと証明すること。また、多様性のある視点がどのようにプロダクトデザインに影響するのか、ユーザーはダイバーシティとインクルージョンに熱心に取り組む姿勢を示すブランドをどのように見るのか、理解しようとした。

私たちはそうした目標を念頭に、鍵となる質問の答えを見いだし、インクルーシブデザインの原則を深く洞察するべく調査計画を描いた。本章では、私たちが何を問いかけ、それに対してどう答えようと試みたか、そして調査結果からどんな情報やインサイトが得られたかを紹介する。

行った調査について

2019年、私たちプロダクトインクルージョンチームは、ダイバーシティ&インクルージョンの実践が本当に価値を高めるのかを確かめるために、9カ月かけてキャップストーン・リサーチを実施した（「キャップストーン・リサーチ」とは、学生が自身の選んだ疑問やプロダクトについて独自に調査し、深めた知見を論文にまとめる手順の一種）。提案する取り組み（イニシアチブ）の実現可能性（フィージビリティ）や潜在価値を証明あるいは反証するために実施される概念実証のようなものと言えるだろう。

私たちは、「プロダクト開発の全プロセスで一貫してインクルーシブにリサーチし、デザインし、エンジニアリングの原則を適用すれば、プロダクトの機能が向上し、より幅広い消費者層にとって使いやすく役立つものになる」という仮説からスタートした。そしてその仮説を検証し、裏付けるため、実証実験をはじめとしたリサーチ計画を立てた。

調査開始前には入念に準備を進め、目標を設定するとともに、研究課題（リサーチクエスチョン）を明確にし、重要な用語やパラメータ、目的を定義し、実証実験担当やほかのリサーチ形態をとるグループなどへのチーム分けを行った。

› 調査目標を立てる

当時すでに私たちのチームは、インクルーシブデザインが人々の生活にもたらすポジティブな影響について確固とした信念を持っていた。ただし、インクルーシブデザインに肩入れしているという自分たちのバイアスは自覚していたし、違った視点をもつ人々の意見を聞かない危険性も認識していた。少人数のチームにつきもののそうした限界を克服しようと、アルヴァ・テイラー博士をはじめとする多様なリサーチャー、8名のエグゼクティブ・スポンサー、ユーザーエクスペリエンス（UX）に関する20%プロジェクトのひとつを率いるジャイルズ・ハリソン＝コンウィル、アナリスト・リードのトーマス・ボーンハイム、そのほか多くの有志との意見交換を行った。そうして、調査目標を次のようにまとめた。

- 見過ごされてきた人々によって多様性のある視点がもたらされれば、プロダクトのデザインプロセスに付加価値が生まれ、より豊かな最終プロダクトにつながるのかを見極める。（そうした結果になれば、プロダクトデザインへのインクルージョンの取り込みについて人間的な面とビジネス的な面の両事例を裏付けるデータが、この研究から得られることになる。）
- すでに実践しているどのプロダクトインクルージョンプラクティスが、どんな組み合わせで、なぜ効果を上げているかを探り出し、新旧各チームがベストプラクティスを理解し採用するのに役立てる。
- どのようなチームダイナミクスや行動が良い結果をもたらすのかを見いだし、全体としてインクルーシブなカルチャーを発展させられるようにチームや組織との連携を進める。
- 私たちの取り組みがなぜ重要なのかを、自分たちのために見いだす。なぜこの取り組みを重視し始め、そこから何を勝ち得たいと望んでいたのだろうか？
- 学びを促進し、認識の中にあるバイアスを軽減しギャップを埋めるために、今もっている信念と仮定を自問自答する。

＞リサーチクエスチョンを設定する

目標を議論した結果、調査をデザインするうえでの指針として次の3つの設問をリサーチクエスチョンとして設定した。

- 多様性のある視点をもてば、成功するプロダクトが生みだせるか？
- インクルーシブなプロダクトデザインの実践は、ビジネス上の成果の向上につながるか？
- インクルーシブデザインへの取り組みを表立って示して見せている企業では、見過ごされてきたユーザーや多数派ユーザーからのエンゲージメント〔愛着、思い入れ、繋がり〕が増加しているのか？

これらの設問にはどれも明確な狙いがあり、調査目標と合致するようにつくられている。

ひとつめの問い（多様性のある視点をもてば、成功するプロダクトが生みだせるか？）

は、見過ごされてきたマイノリティ（URM、underrepresented minorities）の視点がプロダクトの成果にどう影響するかを見定めるための質問だ。具体的には、次のふたつの疑問に答えようとした。

- URMには、ほかのユーザーよりも声高にプロダクトデザインにおけるダイバーシティの欠如を指摘する傾向があるだろうか？
- 多様性のあるチームは革新的なアイデアを生みだす傾向が高いだろうか？

2番目の問い（インクルーシブなプロダクトデザインの実践は、ビジネス上の成果の向上につながるか？）は、チームダイナミクスをより深く理解するのに役立つ。プロダクトインクルージョンをはじめから取り入れるチームもあれば、プロダクトのローンチ直前になってやっと取り入れるチームもあることに私たちは注目した。また、そもそもなぜ一部のチームは最初からインクルージョンを重視するのか、インクルーシブデザインを日常的にどのように実践しているのかを知ろうとした。それに、そうした手法はどのようにして採用に至ったのだろうか？　そうしたチームを見渡せば、プロセスにインクルージョンを取り込むパターンが見つかるだろうか？　実践方法の類似あるいは相違は、最終プロダクトにどう影響するのだろうか？

3番目（インクルーシブデザインへの取り組みを表立って示して見せる企業では、見過ごされてきたユーザーや多数派ユーザーからのエンゲージメントが増加しているのか？）は、見過ごされてきた立場の人たちがインクルーシブなマーケティングにどんな反応を見せるかを評価するための質問だ。アイデア出しからマーケティングに至る全フェーズ（と、途中の全ポイント）を含むプロセス全体としてプロダクトデザインに取り組むにあたって、特にマーケティング部分について注目しようと考えた。多数派ユーザーと見過ごされてきたユーザーの両方が、インクルージョンについてのコミットメントにどう反応するのか、その反応は似ているか異なっているか、そしてインクルージョンへの取り組みがマーケティングに反映されればユーザーと企業ブランドとの結びつきが強固になるのかを知りたかった。

〉主要な用語、パラメータ、評価指標を定義する

全調査チームで一貫性を確保するため、次に挙げる用語、パラメータ、指

標の定義について共通の認識であると確認した。本章を読み進めるにあたり、これらの用語、パラメータ、評価指標を確認しておくことでデータの理解が深まるだろう。

- **見過ごされてきたユーザー**(underrepresented users)として本調査に参加したのは次の人々：
  - 米国では、黒人とラテンアメリカ系
  - 世界全体では、女性、LGBTQ+、社会的経済地位の低い層、障がいをもつ人、65歳以上、さまざまな教育レベルの人

これですべてを網羅できていないのは承知しているが、データを収集できたこれらの人々を当初のパラメータとして設定した。

- **インクルーシブプラクティス**は、キープラクティスと特定のオペレーティングモデルに由来するプラクティスとを含めたものと定義する：
  - キープラクティスとは、インクルーシブなUXデザイン、ユーザーテスト、チーム構成(レプリゼンテーション)などのこと。
  - オペレーティングモデルは、Google内のグループによって開発・採用されたプラクティスなどを指し、新生チームや新たなプロダクトに有効なもの、発展したプロダクトのためのものの両方を含む。
- **ビジネス上の成果：**インクルーシブプラクティスは、結果としてそのビジネスの
  - ブランドロイヤルティや抱かれる印象(センチメント)が向上したとき
  - 新規層／見過ごされてきた層の1日あたりのアクティブユーザー(DAU)が増加したときに、

  成功したものと見なす。
- **成功したプロダクト：**プロダクトインクルージョンは、できあがったプロダクトが
  - 戦略的市場へ進出したとき
  - 将来的な人口増加／変化に合致しているときに、

  成功したものと見なす。

› 求める成果

多様性のあるチームがビジネス上の成果を向上させていること自体についてはすでに研究されているが、そうした成果を上げるためにいったいどういったアクションがとられているのかという点を明らかにするデータは乏しいことに私たちは気づいた。

私たちは、調査を通して活用できるインサイトやデータを収集し、インクルーシブデザインの実践（プラクティス）と、プロダクト上、ビジネス上の成果との関係性を捉えたいと考えた。具体的に見つけたかったのが、次の問いに対する答えだ。

- どのインクルーシブプラクティスが有効だったのか?
- どのメソッドが一部あるいは全体に対して役立ったのか?
- どのアクションあるいはメソッドの組み合わせが有効だったのか（ほかよりも優れた効果があったのはどれで、どんな状況下だったか）?

さらに、次の各事項を可能にして、プロダクトインクルージョンの実態を裏付ける根拠を集めたいと考えた。

- ベストプラクティスを示す具体的なケーススタディを提供する。
- どんな成果が明らかにポジティブで明らかにネガティブなのか、インクルーシブデザインを実践するチームの舞台裏では何が起こっているのかを示す。
- 明確に成否を見極め、それぞれの理由を示す。

› データを検証する

数カ月に及ぶ実証実験、インタビュー、サーベイ、シャドーイング、シミュレーションで行き着いたのが、次のようなデータだ。

- 見過ごされてきたユーザーの方がより傾向は強かったものの、見過ごされてきた消費者と多数派の消費者の両方が、ダイバーシティを明らかに示すブランドを好む。
- インクルーシブプロダクトデザインによって恩恵を受けるのは見過ごさ

れてきたユーザーだけと見なされがちだが、実際にはプロダクトインクルージョンは企業にまだ手つかずのチャンスを示してくれる。インクルーシブな視点を持ち込めば、現時点で大多数の顧客ターゲットと考えられている人々の全体的なエンゲージメントと満足度の向上につながる。

- インクルーシブデザインを優先すると、どんなチームもよりインクルーシブにつくることができる。プロダクトインクルージョンのポジティブな成果を得るのは、女性や有色人種のレプリゼンテーションを重視するチームだけではない（ここでは最初の調査なのでわかりやすいようにそのふたつのダイバーシティの次元に焦点を絞っているが、プロダクトインクルージョンが対象とするすべての次元へと拡大することができる）。ただ、インクルーシブなプロダクトを実際につくっているチームはどれも、間違いなくプロセスの複数箇所に、多様性のある、見過ごされてきたユーザーの視点を取り入れていた。
- インクルージョンを念頭に置いたプロダクトをつくっているチームは、どのチームも、プロセスの複数箇所（アイデア出し〜UX〜ユーザーテスト〜マーケティングの流れの中の少なくとも2つの重要なパート）でそれを実践していた。
- サーベイ対象のチームのうち、
    - 53.8%が最初のアイデア出しの段階でインクルージョンを取り込んでいた。
    - 46.1%がUXの段階で取り込んでいた。
    - 69.2%がユーザーテストの段階で取り込んでいた。
    - 46.1%がマーケティングの段階で取り込んでいた（プロダクトチームはマーケティング活動を必ずしも率いる必要はないが）。そうしたプロダクトチームの場合は、ほかにマーケティングが専業でインクルーシブなマーケティングのガイドラインや原則について検討しているマーケティング部門があっても、それに加えてプロダクトチームが意識的にマーケティングを検討している。
- インクルーシブにつくっているチームの100%がプロダクトインクルージョンの4段階（アイデア出し〜UX〜ユーザーテスト〜マーケティング）のうちの少なくとも2つに取り込んでいた。

› 結論を導き出す

データを検証し、次のような結論に達した。

- 全体として、インクルーシブデザインの実践は、とてもポジティブな影響をユーザーにもたらす。これは年齢を問わず、また多数派ユーザーにも見過ごされてきたユーザーにも同じように言える。
- 見過ごされてきたユーザーのためにつくる行為は、すべての人のための社会的便益になるだけでなく、ビジネス上の利益ももたらすものだとわかった。
- 見過ごされてきた人々、多数派の人々の両方が、インクルーシブプロダクトを好む。
- 実体験に基づく視点は欠かせない。架空の共感だけでは不十分である。Googleディレクターのマット・ワデルはこうアドバイスする。「顧客を愛し、彼らの問題点を愛し、できる限りのことをしなさい」
- すべての人のためにつくるためには、歴史的に見過ごされてきた消費者のニーズや好みに意識的に取り組むことが求められる。さもなければ、そうしたグループは見逃されたままになる。
- 成功の鍵はデータ収集と指標の追跡だ。プロダクトインクルージョンは、ビジネスにおける一要素であり優先事項だとして扱わなければならない（プロダクトインクルージョンの実績を測る方法については第11章を参照のこと）。
- レプリゼンテーションにダイバーシティが乏しいチームであっても、意識的に目標を定め、プロセスの要で見過ごされてきたユーザーとの対話を優先すれば、インクルージョンプロダクトをつくることができる。
- インクルーシブにつくろうとするチームのマネージャーは、インクルージョンを早期に取り入れることが成功の鍵だと留意すること。インクルージョンとは、チェックボックスに印を入れていくような作業ではなく、インクルーシブデザインを早くかつ何度も繰り返して取り込む行為だ。

インクルーシブデザインのビジネスケースにとって裏付けとなる具体的なデータを手にできるなんて、とてもワクワクする。プロダクトインクルージョンによってプロダクトやサービスが向上することを証明し、多様性のある視点を持ち寄ることがイノベーションの促進につながることを明らかにできるのだから。

私たちの経験から学べること

数年に及ぶ実証実験、反復、試行錯誤から、私たちがプロダクトインクルージョンについて学んだ重要なポイントを以下に挙げる。

- 多様性のある視点は、イノベーションを促進し、見過ごされてきたユーザーだけでなく多数派ユーザーにとっても良いプロダクトをもたらす。
- アイデア出し、ユーザーエクスペリエンスの調査、ユーザーテスト、マーケティングは、それぞれが単一の変化やアクションだけに関わる場合であっても、プロセスにインクルーシブなレンズを持ち込み、注力すべきコア領域だ。
- プロダクトインクルージョンはプロセスに埋め込まれるべきもので、独立したアイデアでも、最後に追加されるプロセスでもない。
- インクルーシブ・レンズをプロダクトのデザインや開発に適用しても、必ずしも進捗が遅れるわけではない。問題は、より意図的にデザインできるかどうかだ。
- 何十億ものユーザーがプロダクトの対象として目を向けられたいと切望しており、仲間として迎え入れられたなら、行動に移す購買力を持っている。
- 「初期設定（デフォルト）」のユーザー像から遠い人ほど、プロダクトやサービスから仲間はずれにされているように感じるだろう。
- プロダクトチームもマーケティングチームも、意図的に（積極的に）歴史的に見過ごされてきた消費者のニーズや好みを見極め、取り組まなければならない。
- その目的と重要性が理解され、仕事に取り込む具体的で実行可能な方法がありさえすれば、ダイバーシティ、エクイティ、インクルージョン（DE&I）は、組織のメンバーにすぐさま刺激を与えることができる。プロダクトインクルージョンの取り組み（イニシアチブ）が受け入れられなかったら……と想定するのはやめよう。ひとたび消費者とビジネスの観点からその理由を理解すれば、みんな積極的に受け入れるようになるものだ。

- 組織は正しいことをすることで成功する。より多くの消費者の関心を引くプロダクトとサービスをつくれば、どんなビジネスも成長するのは疑いようがない。

私たちの調査と経験をあなたの組織で活用する

私たちの調査をあなたの組織に取り入れて、見過ごされてきたユーザー、彼らのニーズと好み、そして彼らのもたらすビジネスチャンスへの認識を高めるとともに、アイデア出しからマーケティングに至るデザインプロセスのすべての段階にインクルーシブデザインの原則と実践を取り込んでいってほしい。

ここでは、プロダクトインクルージョンをチームや組織全体に取り入れるための方法をいくつか紹介する。

- 次の四半期あるいは年間の計画を立てる際に、ダイバーシティ&インクルージョンを計画に織り込む。インクルーシブデザインのトレーニングや取り組みにかける時間と予算を確保する。
- より多様性のあるチームづくり、プロセスに参加するURMの組織内外での募集、見過ごされてきたユーザーとの対話によって、プロダクトのデザイン・開発プロセスにより多様な視点を取り入れる。
- プロダクトインクルージョンを、デザインプロセスの4つのフェーズ——アイデア出し、UXリサーチとデザイン、ユーザーテスト、マーケティング——のすべてに取り込む（詳しくは第7～10章）。
- デザインプロセスにおいて決定的な時点を特定し、その点を中心とした取り組みをつくる（手順は第6章を参照）。
- URM（見過ごされてきたマイノリティ）のためのプロダクトデザインを優先する。意識的にURMのためにデザインしようとしなければ、彼ら彼女らの優先順位は下がり、デザインプロセスから完全に取り残される。

世界はいま、カルチャーだけでなくプロダクトやサービスにおいても、ダイバーシティとインクルージョンをたたえ、求めている。組織のダイバーシティ&インクルージョンを高める方法についてさらに知りたい方は、https://accelerate.withgoogle.com/を参照してほしい。

CHAPTER

3

—

プロダクトインクルージョンの道を照らすのに欠かせない20の質問

いろいろな点から、プロダクトインクルージョンは壮大な学習プロセスと言える。正しく進めれば、見過ごされてきたグループについて、またもっとダイバーシティとインクルージョンのあるチームをつくる方法について、プロダクトのデザイン・開発のプロセスに多様性のある視点を取り込む方法について、さらにはあなたの努力を裏付けるためのリソースを手にする方法についてなど、さまざまなことが継続的に学び続けられる。

この学習プロセスが最も効果を発揮するのは、あなたやあなたのチームが自発的な好奇心をもち、正しい疑問を投げかけるとき。とはいえ、最初は必要な答えやアドバイスを引き出せる質問をするほどの知識もないだろう。

この章では、2組の「10の質問」を紹介する。各チームが自問すべき(そして自答すべき)10の質問と、私たちのダイバーシティ&インクルージョンチームがよく尋ねられる(そして回答する)10の質問だ。紹介しながら各質問の重要性を解説し、それぞれに答え、自力あるいはほかのチームメイトの協力を得て答えを見つける方法をアドバイスしていく。

各チームが自問自答すべき10の質問

Googleのプロダクトインクルージョンの旅が始まって1年ほどした頃、社内中から答えきれないほどのペースで質問が寄せられるようになった。私は、ほかの職責も果たしながら全員のニーズに応えるため、業務時間を確保しようと決めた。そして、毎日1時間をGooglerとのプロダクトインクルージョンに関する面談に使うようにした。Googlerは1コマ20分の枠を予約して、質問をしたり、アドバイスを求めたり、逆にチーム単位あるいはGoogle全体でのプロダクトインクルージョンの話題を提供したりできる。

ミーティングを最大限効率的なものにするため、全参加者(私も含めて)に事前準備を義務づけた。ミーティングの予定されている数日前に、参加予定者に10の質問のリストを送付する。相手の現時点での理解度(初級か、中級か、上級か)、プロダクトインクルージョン戦略は整っているか、どういった仕事をしているか、パートナーやステークホルダーは誰かを把握するために、私たちのチームで作成したもので、質問項目は次の通りだ(詳細は後ほど説明する)。

- あなたのチームはプロダクトインクルージョンに触れていますか?
- プロダクトインクルージョンの取り組みにおけるチャンピオン(旗振り役)は決まっていますか?
- 課題を解決したいプロダクト(またはビジネス)はなんですか?
- 解決したいインクルージョンの課題はなんですか?
- プロダクト/ビジネスの課題とインクルージョンの課題はどう連動しますか?
- 課題解決のためのリソースを得るには誰の力が必要ですか?
- テスト/試行に向けたアクションプランはどのようなものですか?
- テスト/試行の結果を実行し、記録し、評価し、伝えるにはどんなパートナーが必要ですか?
- 今回の実践後に取り組みを継続するためのリソースをどうやってつくりますか?
- プロダクトインクルージョンの取り組みの成果を文書化し、社内外で共有することについて、どのような公約をしていますか?

この事前Q&Aのプロセスによって、対応件数を管理し、業務に優先順位がつけられるようになった。また、各チームが確実に再来し、直面した課題と起こった変化について情報とインサイトを知らせてくれるので、私たちは継続的に学び、知識とインサイトを収集して社内全体に共有することができる。さらにこのプロセスは、私たちの実施するコンサルテーションが最大の効果を発揮するのに必要な裏側の業務（チャンピオンを決める、現状を明らかにする、あらゆるアイデアを書き留める）が確実に行われる役にも立つ。

なお私は、希望者が次の各項目を満たす場合に限ってミーティングの時間をとることにした。

- 明確なアジェンダ
- 面談に参加すべき明確な理由
- プロダクトインクルージョンに関心を持っている理由
- 学んだことを私たちのチームと共有するという約束
- プロダクトインクルージョンチームのWebサイト上に掲載されたスタートの手引きをすでに実践したかどうかの確認

こうした準備によって、ミーティングが最大限に実りあるものになるし、各チームはプロダクトインクルージョンの成功に必要な取り組みの実行に尽力できる人材を確保できる。プロダクトの開発・展開プロセス——何をつくるかの決定から、制作とテスト、さらにはマーケティングやセールスまで——の各段階とも同じように、この取り組みにも何人もの人々が関わり、フィードバックをもたらすことになるだろう。プロダクトインクルージョンが最も力を発揮するのは、チームに明確なオーナーがいて、プロダクトインクルージョンの専門家がアドバイザーを務めるときだ。立ち上げたばかりのときには「専門家」と言えるような人はいないだろう。けれども、この役割をこなせる人、すなわち組織がプロダクトインクルージョンを学び、広め、優先する力になるようにステップアップした人が少なくとも1人はいるはずだ。

私たちが各チームへのコンサルティング対応に先立って投げかける質問は、チームメンバー間の会話のきっかけ、あるいはチャンピオンがイニシアチブを取るためのツールとしても役立つ。役割やチーム構成、仕事の性質によっては、あなたやあなたのチームにとって、また担当業務にとって、関係の深い質問もそうでないものもあるだろう。けれども、こうした質問とその答えから、どこから手を付ければいいかについての考え方がわかる。

質問の中にはハイレベルなもの（何を解決しようとしているのか？）と、実務的／人事的な質問（誰がその解決を手助けするのか？）が混在しているので注意してほしい。質問には、この取り組みを前進させる力となるチャンピオンが答えてもいいし、すでにメンバーが集まっているならばチームで回答してもいい。ただし、少なくとも1人が責任者として最終的に答えをまとめて、チームの目標や戦略を明確に理解し、インクルーシブ・レンズでその取り組みにどう付加価値がもたらされるか、おおまかなアイデアをもっておく必要がある。そうした内容を理解している人であれば、チームのミッションに沿って質問に答えることができる。

各質問を掘り下げる前に、最後に一言アドバイスを。すべての質問に答えられなくても気にしないでほしい。質問を投げかけたりそれに答えたり、またほかの人と考えを共有したり議論したりするうちに、時間をかけて明確になってくるものだから。このうち2～7番目の質問は、何を解決しようとしているのか、インクルージョンと現在のあなたの業務とはどう結びつくのか、プロダクトインクルージョンを取り込む際にチームに力を貸してくれるのは誰かを明確にするのに役立つ。こうした質問に対する答えは、前進するための鍵だ。

› あなたのチームはプロダクトインクルージョンに触れていますか？

スタート地点を決定するうえで、チームがプロダクトインクルージョンをどの程度理解しているかを知ることは重要だ。プロダクトインクルージョンになじみのないチームの場合は、第1章と本書を通して説明している、プロダクトインクルージョンとは何か、なぜ重要なのかといった一般的な理解から始める必要がある。それに対して、プロダクトインクルージョンについてすでに十分な知識をもち、さあスタートしようという強い意思のあるチームにとっては、ツールの選択や開発、またはプロダクトのテストやフィードバックを得るためのベストプラクティスなど、もっとハイレベルの内容や個別の問題についてのガイダンスやトレーニングの方が有益だろう。熟練したチームならば、本当に必要なのは、同様のプロダクトインクルージョンの課題に直面した経験があり、それを克服したか、目標を達成するためのリソースをもつほかのチームを紹介してもらうことという場合もある。

はい／いいえだけでも答えられる質問だが、ぜひ、プロダクトインクルージョンに対するあなたやあなたのチームの理解を反映し、できることなら、知っていることと専門知識との溝を露わにするような詳細な回答をしてほしい。つまり、あなたとあなたのチームがすでに知っていること、知らなければならないこと、あるいはプロセスや実践、成果の向上のために学びたいことをしっかりと検討しよう。知識のギャップの特定（そこにないものを見いだす作業）は、できないこともあるだろうが、けれどもそれによってチームが何を知らず、何を学ばなければならないかに気づくケースは多い。

› プロダクトインクルージョンの取り組みにおけるチャンピオンは決まっていますか？

チャンピオンは、取り組みの受け入れと実行に心から関心を寄せ、それを促進するために時間や、労力、リソースを自発的に費やす人だ。どの役職の人でも構わないが、一般的には、組織の中での立場が高いほど、その人の影響力は大きくなるし、各種リソースへアクセスしやすくなる。

プロダクトインクルージョンを業務に取り入れる計画がチームにあるなら、その成功の可能性はチャンピオンによる支援を活発化させることで高まる。組織の中で、影響力をもち、チームの取り組みを支援する意欲があってそれが可能な人、あるいは少なくともコンセプトを受け入れてくれる人を見つけ出そう。協力者になる人を募ってもいい（活動に賛同する人を募る方法については第4章で紹介する）。

チャンピオンとして誰か思い浮かぶ人がいれば、この問いには「はい／いいえ」で答えずに、その名前、役職、関連する詳細事項——関心事項、役割、プロダクトインクルージョンの理解度など——も書き加えよう。チャンピオンの人についてよく知っているほど、その人と気持ちを共鳴させて、プロダクトインクルージョンについてのコミュニケーションを図りやすくなる。

› 課題を解決したいプロダクト（またはビジネス）は何ですか？

この質問に答えるとき、着眼点は、どのように始めるか（出発点）から、到着点や目的、望ましい成果へと移る。プロダクトインクルージョンをどう始めるかを明らかにしようとしているのに、その終わりについて検討するのは奇妙に感じるかもしれない。けれども、どんな計画を立て始めるにあたっても、結末を念頭に置くことは重要だ。何を手にしたいのかが明確に考えられていてはじめて、どんな材料を準備し、どの方向に踏み出す必要があるかを探し出す準備が整う。

ではここで、克服したいプロダクトとビジネスの課題例を考えてみよう。あなたのプロダクトには65歳以上の人々のエンゲージメントがない、またWebサイトを訪れても1分以内で離れてしまうのに気づいたとしよう。昨年の利益の伸びはたった1%だったが、このグループのマーケットのシェアを15%まで拡大したい。

もし、解決したい課題についてよくわからないのであれば、第7章を参照し、見過ごされているユーザーを見いだす方法を確認してほしい。調査を通して、イノベーションやチャンスの扉を開く問題点や課題が明らかになることも少なくない。

› 解決したいインクルージョンの課題は何ですか？

インクルージョンの課題では、着眼点がビジネスやプロダクトの開発から「人」へと移る。あなたがプロダクトを届けたい、見過ごされてきた人とは誰だろうか？　あなたとあなたのチームがプロダクトのデザイン・開発のプロセスで取り込もうとしているのは、どんな層、あるいは複数の層の交差したどんな人々だろうか？　現在提供されているプロダクトやサービスで、特定の層のニーズや好みに合うものが不足しているのはどんなものだろう？

› プロダクト／ビジネスの課題とインクルージョンの課題はどう連動しますか？

前のふたつに回答し、プロダクト／ビジネスの課題について、またあなたやあなたのチームが解決しようとするインクルージョンの課題について、いくつかアイデアが浮かんだだろう。ふたつの課題をよく見て、それがどう連動し、どこが交差し重なり合っているかを見極めよう。たとえば、65歳以上の人々がWebサイトからすぐ離れ、プロダクトを購入しないことに気づいたとする。65歳以上の人を対象にしたテストをまったく実施したことがなければ、おそらくそのサイトの抱えるインクルージョンの問題（フォントが小さすぎる、文字色が明るすぎる、ブランディングに共感できないなど）に気づいていないかもしれない。なお、この課題に取り組めば、最初にターゲットとした層以外、たとえばメガネをかけた人や、もっと視力の悪い人にとっても有益になることにも注目してほしい。

プロダクト／ビジネスの課題と、インクルージョンの課題とを連動させれば、インクルージョンに関するヒューマンケースと、組織の経営戦略や目標とが確実に連動するようになり、プロダクトインクルージョンの取り組み効果が増強される。

› 課題解決のためのリソースを得るには誰の力が必要ですか？

リソースをどう割り当てるかの決断は、プロダクトインクルージョン実行に向けての取り組みに絶大な影響を及ぼす。成功の可能性を高めるためには、必要なリソースを見定め、そのリソースを利用可能にする鍵は誰の手にあるのかを見極めなければならない。リソースとは、次のようなものだ。

- 人材／専門知識。他チームと共有する場合もある。
- インクルージョンに関わるボランティアがミーティングやテストに参加できる時間。
- 特殊な材料やサポート、調査旅費などの支払いに必要な資金。
- ユーザー調査や、デザインスプリント（第8章参照）を実施するための場所。
- 解決しようとする課題の根本を探るためのツール／データへのアクセス。

リソースのリストが広範にわたる場合には、そうしたリソースへのアクセスを可能にする組織内の決定権者を少なくとも1人見つけておこう。リソースの獲得支援を進んで引き受けてくれる1人（役員やスーパーバイザー）が見つけられれば理想的だ。

› テスト／試行に向けたアクションプランはどのようなものですか？

計画を立てることは、その計画が明確で詳細なものでもおおまかな仮のものでも、取り組み（イニシアチブ）の実行と、あなたの活動に加わる人の募集との両方にとって重要だ。もしインクルーシブなプロダクトの開発アイデアをスーパーバイザーや役員にもちかけるのならば、実現性のある計画を立てておく方が仮の計画よりずっと自信が持てる。

計画をうまく立てられないのならば、チームのメンバーや、計画を描くのに必要な協力やアドバイスができそうな組織内の誰かに相談しよう。

› テスト／試行の結果を実行し、記録し、評価し、伝えるにはどんなパートナーが必要ですか？

プロダクトインクルージョンはチームスポーツであり、協力し合って実施する取り組みだ。あなたとあなたのチームメイトで業務の大部分は実施できるだろうが、外部からの助けが必要になることもある。たとえば、求める専門知識をもつ組織の人々、つくっているプロダクトの対象となる層を代弁するような人たちだ。また、取り組み――そこで直面する課題、成功と失敗など――を、今後の学びに向けて記録し共有するために、組織内のコミュニケーションチームと協力したいと考えるかもしれない。

たとえば次に挙げるような、取り組みに貢献してくれそうなパートナーのリストをつくろう。

- **プロダクトマネージャー**は、間違いなく参加を仰ぐべきだ。彼らはプロセスを端から端まで監督する。
- **マーケティングチームのメンバー**は、すばらしいパートナーだ。信頼性のあるインクルーシブなストーリーを語ろうとするときに求められる、外向きの業務を実施できる人が必要だからだ。
- **ユーザーエクスペリエンス（UX）のリサーチャーとデザイナー**は、インクルーシブリサーチの実施とプロダクトインクルージョンの計画を立てるのを助けてくれる。
- **エグゼクティブ・スポンサー**は、組織が行動を起こすための、アカウンタビリティ・フレームワーク〔説明責任を果たすための枠組み〕の導入と実行を助けてくれる。
- **アナリスト**は、機会の特定、進捗状況の査定、データをとりまとめて、重要なステークホルダーに示すための統一的な方法づくりを助けてくれる。
- **DE＆I（ダイバーシティ、エクイティ、インクルージョン）のチームや個人**は、日々の仕事にプロダクトインクルージョンを組み込むことで、取り組みの拡大を戦略的に支援してくれる。

› 今回の実践後に取り組みを継続するためのリソースをどうやってつくりますか？

この質問に答えるため、「じゃあ次は？」と考えてほしい。望む成果を手にするために、今すぐ動き始めることのできる具体的なアクションをリストアップしよう。次にいくつか例を挙げる。

- 私たちのチームは、今年はプロダクトの30%にインクルーシブテストを実施し、来年にはその割合を50%まで増加させる。
- 私たちのチームは、年に1度、国外への調査旅行を実施する。
- 私たちのチームはERGs(従業員リソースグループ)と協力し、コミュニティの観点からプロダクトの主要課題とチャンスを理解する(ERGsとは、Googleが財政支援を行っている従業員主導のグループで、社会的、文化的、そのほかの点で見過ごされてきたコミュニティの代弁者)。

› プロダクトインクルージョンの取り組みの成果を文書化し、社内外で共有することについて、どのような公約をしていますか？

私たちのプロダクトインクルージョンチームは、支援を求めてきた個人やチームに必ずこの質問を投げかける。というのも、私たちは確実に彼らからフィードバックを得て、彼らの経験から学んだことを社内のほかの人たち、さらには外部の組織と共有したいからだ。

内部での共有は、インクルーシブにつくることに対して、組織が長い時間をかけて真剣に取り組んでいるしるしだ。プロダクトインクルージョンは、プロダクトのほかのコアとなる優先事項と同様に扱われ、記録され、評価されるべきものだ。プロダクトインクルージョン組み込みの構築と記録について詳しく知りたい場合は第6章、進捗状況とパフォーマンスの評価についての詳細は第11章を参照してほしい。

外部との共有(情報発信)は、既存ユーザーと新たなユーザーに、すべての人のために、すべての人でつくることに配慮しているというサインを送る。プロダクトインクルージョンへの決意をしっかりと示せば、見過ごされてきた層と多数派の両方の消費者とユーザーが、ブランドへの好意を強めるだろう。これは私たちが実施した調査データに裏付けられている事実だ(詳細は第2章を参照)。

ほとんどのチームがプロダクトインクルージョンチームに尋ねる10の質問

プロダクトインクルージョンに関するプレゼンテーションを行った後には、毎回、質疑応答の時間を設ける。よく聞かれる質問は、「プロダクトインクルージョンの取り込みを始めるにあたって、チームが何を知っておけばいいと思いますか?」。この質問は答えるのが難しい。というのも、チームがこれから始めようというときに知っておかなければならない事項はごくわずかだからだ。けれども、前段で紹介した質問に答えれば、業界や業務の性質にかかわらず、スタートする準備は十分に整うだろう。

次に、私がプレゼンテーション後に聞かれることの多い10の質問を紹介する。それぞれに対する答えは後段で説明する。

- リーダーがメンバーの個人的なバックグラウンドを気にかけるべきなのはなぜですか?
- カルチャーはなぜ重要なのですか?
- プロダクトデザインの中で最も重要なのはどの部分ですか?
- ○○(あるプロダクト/サービス)に特化したインサイトをもっていますか?
- 私たちのチームのミーティングに参加してもらえますか?
- ダイバーシティのどの次元を優先すべきですか?
- どのようにすればより多くの視点を取り入れることができますか?
- プログラムを、マネージャー/VP(バイス・プレジデント)/マーケティングマネージャー/エンジニアリングリードに注目してもらいたいのですが、どうすればいいでしょうか?
- 私もバイアスをもっているでしょうか?
- 注目すべき点をひとつ挙げるとすれば何でしょうか?

これらの質問とその答えは、プロダクトインクルージョンをまさに始めようとしているチームに役立つ、価値のある情報とインサイトをもたらす。そして、もしあなたが組織専属のプロダクトインクルージョンの専門家ならば、こうした質問と答えは、これから繰り返し聞かれることになる質問に備えるのにも一役買うだろう。

› リーダーがメンバーの個人的なバックグラウンドを気にかけるべきなのはなぜですか？

組織によっては、個人的な経験、業務外での活動、個人的な夢や希望、その他その人をその人らしくしているあらゆる物を共有するのを推奨しないカルチャーをもつところがある。仕事とプライベートは明確に区別され、それはそれで、一定のメリットがあるだろう。たとえば、従業員は仕事中はより集中できて、自宅では仕事絡みの懸念事項にあまり煩わされなくなるかもしれない。

しかし、経営者や役員らは、組織内の人々をもっと個人的なレベルで知るようにし、むしろ仕事の場にそれぞれを独自の存在にしているものを持ち込むように推奨する方が賢明だ。あなたのために働いている人々のことを心からに気にかけ、関心をもっていると示せたならば、彼らが経験やインサイトを共有してくれる可能性はぐっと高まるだろう。その結果、組織内の人々はひとりの人間として仕事を受けとめ始め、自身の一部をプロセスに反映させて、プロセスを豊かなものにするとともに目的意識を強める。

調査結果からわかるように、ダイバーシティがイノベーションの原動力になり[1]、最も良い結果が生まれるのは、人々が何の心配もなくありのままの自分でいられると感じるときだ。安心して自分らしくいるため、独自の経験や視点を共有するため、また長年信じられてきたことや慣習に対して異議を唱えるためにはチーム内の誰もが認められ、受け入れ(インクルード)られている必要がある。

私自身も、ある上級役員が質問をしようと力を尽くしてくれた末に、やっと自分の個人的な経験を話したことを覚えている。また彼は、勤務外のかなりの時間を費やして、アメリカにおける人種の歴史を調査して理解するとともに、組織内の見過ごされてきた人材を支援する方法を見つけようとしていた。彼が気にかけてくれているのを知っていたからこそ、心を開き、伝えようと思えたのだ。それまでであれば、自分のバックグラウンドを語ることは、不安に

[1] https://hbr.org/2013/12/how-diversity-can-drive-innovation.

感じていた行動だった。見過ごされてきた人々の多くは、自分のバックグラウンドについて多くを語りすぎることに不安を覚え、また自分が人と違うことに注意を引かないように、なんとか周りになじもうと努めている。役員やスーパーバイザーとして、あなたは人々にさまざまな経験と視点を仕事の場へ持ち込み、共有してほしいと願おう。

› カルチャーはなぜ重要なのですか？

「カルチャー(culture)」は興味深い言葉だ。社会学の分野では、言語、信条、行為、芸術、組織、さらにはある国、人々、その他の社会的集団の功績を指す言葉になる。一方、生物学で「カルチャー」が示すのは、生活や成長を助ける手段のことだ。プロダクトインクルージョンの文脈においては、その両方の定義を反映したものとして組織のカルチャーを考えるのが私は好きだ。プロダクトインクルージョンが最も良い成果をもたらすのは、多様性のあるチームメンバーが（そしてチーム外からの参加者も含めて全員が）共通のミッションに取り組み、個人個人が自由に自己主張することを推奨され認められている環境で働いているときだ。

プロダクトインクルージョンを促進するカルチャーをつくるためには、次の2つの重要なファクターに注目する必要がある。

- レプリゼンテーション（チームメンバーのダイバーシティ）
- 環境（インクルージョンのカルチャー）

レプリゼンテーションに関しては、内部（チーム）のカルチャーと外部（ユーザー）のカルチャーという2種類のカルチャーに対する考慮をしなければならない。できることなら、内部のカルチャーが外部のカルチャーのイメージをそのまま映し出しているのが理想的だ。つまりふたつのコミュニティが、人種、性別、性自認、能力などといったもののばらつき具合を互いに反映しているような状況が望ましい。けれども、外の世界の人の数はどんな組織よりもずっと多く、ダイバーシティに富んでいるので、チームのレプリゼンテーション（人数）が世の中全体に見られるようなダイバーシティを反映していることなどほとんどないと言える。小さな組織においては特にそうだ。

レプレゼンテーションの限界を克服するためには、多様性のある視点を持ち込む方法を探すことだ。それには、次に挙げるものを含めていくつかの方法がある。

- 組織中から異なった視点を取り入れて、その経験とインサイトと共有し、それをプロダクトのデザイン・開発のプロセスに取り込む。
- さまざまなバックグラウンドをもつ現在のユーザー、消費者、顧客と対話する。
- 自分と異なる言語を話す人々、異なる地域に暮らす人々、高齢者や若者、異なった能力を持つ人など、十分なサービスを提供されていない、見過ごされてきたコミュニティの人々と触れ合う。

見過ごされてきた人々とその視点をより積極的にプロセスに持ち込もうとするときには、受け入れとインクルージョンの環境も必ず育てる必要がある。ただ、視点を共有するためだけに招待してはいけない。相手が歓迎されていると感じられるようにし、プロセスに彼らを受け入れるようにすること。安心感と多様性のある内部のカルチャーがあれば、人々はダイバーシティの欠如についてもっと声を上げるようになるし、初期設定(デフォルト)の、あるいは多数派の思考に対抗するようなアイデアも共有するようになるだろう。その結果、イノベーションの輪が広がり、より幅広い顧客層の違いも包括するようになる。

かつて仕事を共にしたリーダーに、繰り返しこう尋ねる人がいた。「当初の計画で進めたとしたら、起こりうる最悪の事態ってなんだろう?」 これは、人々が心理的安全性のもとで異議を唱えることができ、また代替案についてのブレインストーミングを促す質問だ。

> プロダクトデザインの中で最も重要なのはどの部分ですか?

テクノロジー企業であるGoogleでは、プロダクトのデザイン・開発のプロセスの優先事項の高い領域を、次の4つの段階(フェーズ)に分割している(詳細については第6章を参照)。

- アイデア出し

- ユーザーエクスペリエンス（UX）
- ユーザーテスト
- マーケティング

4段階すべてが重要だが、心に留めておいてほしいのは、プロダクトインクルージョンがプロセスに組み込まれる段階が早いほど、その効果は大きいということだ。ユーザーテストの段階まで放っておいたら、アイデア出しの段階で防げたかもしれない問題の解決に長い時間を費やすことになるだろう。また、もしマーケティングの段階まで残していたなら、プロダクトインクルージョンの観点から見て根本的に欠点のあるプロダクトを販売することになるだろう。

4つの段階すべてに共通する、そして何よりも大きな影響があるのは、ユーザーのダイバーシティとの関わりだ。成功できるかどうかは、あなたやあなたのチームメンバーとは違うユーザーを見つけられるか、そして見過ごされてきたコミュニティのメンバーとの定期的な対話を維持し続けられるかにかかっている。

もし、注力すべき分野（最も大きな潜在的可能性（ポテンシャル）のある領域）を探しているのなら、あなたにとって「手の届く範囲にある果実」、つまりすぐに行動に移すことができて、比較的容易に感じられるものを探そう。たとえば、あなたがすでにUXリサーチをしているならば、そのリサーチ範囲を広げることを考えてみよう。国内のほかのエリアに拡大したり、あるいは地域の大学と提携して、年齢、性自認、人種、民族性に関係する視点のダイバーシティを増大したりすることも考えられる。もしすでに注目しているグループがあるなら、そのグループをさまざまな性自認あるいは能力の面からもっとインクルーシブなものにしよう。現在のプロセスを見直し、それをもっとインクルーシブなものに変えていくことが弾みをつける最良の方法だ。

プロダクトのデザイン開発の4つの段階にプロダクトインクルージョンを組み込む方法については、第6章でさらに提案しているので参照してほしい。

› ○○（あるプロダクト／サービス）に特化したインサイトをもっていますか？

さまざまなチームの相談を受けていると、特定のプロダクトやサービスに関するデータを持っているかと決まって尋ねられる。実際持っていることは多いのだが、そのデータを必要とする背景にはどういった理由があるのか、またそのデータによってユーザーに役立つインサイトをどう深められるかを検討することも重要だ。

どうかそれと同じ姿勢で、ユーザーインサイトの収集・分析とその結果の組織内での共有に臨んでみてほしい。ターゲット層に関する事前調査や、その人たちとの対話なしに、ニーズや好みを把握していると言うことはできない。顧客の満足感や、ユーザーのペインポイント〔悩みの種、痛点〕、プロダクトのいろいろな使われ方（きっとびっくりするはず!）についてデータを集めよう（こうした点の評価指標については第11章で詳しく説明する）。

2年前の夏、コートニー・スミスという素晴らしいインターンが加わり、さまざまなダイバーシティの次元にまたがる力強いインサイトを共有できる社内サイトを制作してくれた。Googlerがそれぞれのグループについてより深く学べ、自分たちもリサーチしようという気持ちがかき立てられるように、そこには、各グループの行動や関心事項などの傾向が並んでいた。ほかのチームと共有したいデータを登録して、サイト上で互いに閲覧することも可能だ。このアプローチによって、ワンストップのサービスが生みだされただけでなく、チーム間でのデータ共有ができることでコミュニティがつくられ、プロダクトインクルージョンの取り組みの担い手が自分のはたらきを認識されていると感じられるようになった。またデータ共有によって、知識習得にかかる時間が短縮されるし、ほかのチームの遭遇した落とし穴を避けるのにも役立つ。ダイバーシティとインクルージョンのデータ共有によって、他の人々やチームも知らず知らずのうちにプロダクトインクルージョンを取り込むようになってくる。

そうした恩恵を得るために、必ずしも高度な機能を備えたイントラネットサイトやビジネスインテリジェンス（BI）ツールをつくる必要はない。小規模の組織では、ネットワーク上に共有フォルダを作成して、そこにみんながデータをアップロードできるようにしてもいいし、Eメールで配布しても構わない。大切なのは、全員がデータを使えるようにして、組織の誰もがダイバーシティとインクルージョンのレンズを通して各取り組みを見るように促し、権限を与えることだ。

› 私たちのチームのミーティングに参加してもらえますか？

組織に常駐しているプロダクトインクルージョンの専門家であれば、プロダクトインクルージョンへの関心が高まるにつれて、自分の時間が求められる機会の増加も経験しているだろう。大きな組織に属しているなら、参加することのできるボリュームを超えた参加依頼を受けることだってきっと少なくないはずだ。そんな状況で「私たちのチームのミーティングに参加してもらえませんか？」と尋ねられたとき、答えとして最適なのは「状況によりますね」だ。対応可能な量を超える情報提供やガイダンスの依頼があったときに必要なのは、優先順位になる。

最初、私たちのチームは、さまざまなチームミーティングにひとつ残らず参加していた。けれども、今では膨大な量の要望が届くようになり、とても同じようにするのは無理だ。優先順位をつけなければならない。そのときには、次のような質問を自分に投げかけて決めるようにしている。

- このチームは、フィードバックがプロダクトの方向性を変えるような場合でも、フィードバックに従って行動しようとするだろうか？
- このチームには、チームメンバーと一から対話を生み出せる旗振り役（チャンピオン）がいるだろうか？
- チーム内のもっと幅広いメンバーと話す機会はあるだろうか。たとえば、常勤以外のメンバーとの、あるいは全員参加のチームミーティングなど。
- ユーザーにはどんなインパクトがあるだろうか？
- このビジネス／プロダクト／機能に接する可能性のあるユーザーの数はどれくらいだろうか？
- このプロダクト／機能性の向上が必要な理由には、見過ごされてきたコミュニティに関わる来歴があるだろうか？

専門的な意見を求める依頼が自分の能力を超えてしまったら、こうした同じ質問をしてみよう。その答えが業務に優先順位をつけるのに役立つだろう。

そのほかの方法としては、社内でもプロダクトインクルージョンを学ぶことに興奮と決意を見せる部門からスタートしてもいいし、プロダクトインクルージョンを組み込む可能性の最も高い分野から始めても構わない。おそらく周囲に、年末にローンチの見込めるプロダクトを増やしたいプロダクトマネージャーがいるだろう。スタートのきっかけづくりに、プロダクトインクルージョンに対して意欲のあるリーダーにぜひ声をかけてみてほしい。というのも、彼らはプロセスのオーナーであり、プロダクトインクルージョンという船を「水に浮かべる」のに欠かせない役割を果たすほかの人々(たとえばエンジニア)と手を組むことのできる人たちだからだ。

› ダイバーシティのどの次元を優先すべきですか？

「すべての人のために、すべての人でつくる」ことが私たちのチームのミッションであり、常に最善のものを念頭に置いてゴールを目指している。もしすべての人のニーズと好みを取り入れられたなら、潜在的なユーザー基盤は、これ以上ない大きさにまで広がる。けれども、最も要求に応えられていないユーザーニーズは何かを見極め、それによって優先順位づけをするのが最良のアプローチになる場合もある。私たちはダイバーシティの次元をランキング順に並べるのは避けている。なぜなら誰もがいくつもの顔を持ち、あるひとつのグループの問題を解決した結果、見過ごされてきた人々か多数派かを問わず、ほかの多くのグループも助かることが多いからだ。

私たちのチームがどの次元のチームを優先するのかとよく尋ねられるが、これもまた、いくつかの理由で答えるのが難しい質問だ。

- ダイバーシティの次元のどれかひとつだけを選ぶのは良い判断ではない。サービスが十分に提供されていないいくつかのコミュニティと、そうしたコミュニティ同士が交差した人々をターゲットにしてみよう。
- どの次元に注力するかは経営陣あるいはチームでの決定事項のひとつであり、ほかのあらゆるビジネス上の決断と同じくデータに基づいて行われるべきものだ。言い換えれば、通常、この質問に答えるためにはその判断材料となるリサーチが必要になる。
- すべてのチームは、どのプロダクトをつくるか、またプロダクトにどんな機能をもたせるかを決めるのに先立って、見過ごされてきたユーザーと関わりをもつ必要がある。

たとえば、あなたのつくっているプロダクトのユーザーがヨーロッパの50〜65歳の年齢層に偏っていることに気づいたとしよう。そうするとその次元での取り組みを優先することになるだろう。はじめに、この年齢層の人々とその前後の年齢の人にインタビューし、自分たちのプロダクトと、また類似のプロダクトとについて、何が役立ち何が役立たなかったか、どういった点に不満を感じるかといった情報を集めるといい。

人はひとつの次元によって定義されているのではないことを心に留めておこう。ダイバーシティの次元は交差したり重なりあったりする。しかし、まずは過去には優先順位の低かった社会経済的地位のような次元から始めるのもいいかもしれない。たとえば、あなたの企業は従来1,000ドルを超えるハイエンドのプロダクトをつくってきたが、低価格帯のプロダクトが異なるユーザーに与える潜在的な影響に対する調査を検討したいとする。まずは、そうしたユーザーについて、手の出せる価格帯、ほかのプロダクトの使用状況、重要な機能を知ることから始めるといい。たとえばそうしたユーザーが、電話を通話よりもインターネットへのアクセスに利用することの方が多いとすれば、Wi-Fiやインターネット機能を優先させて、携帯電話の経済性を高めることができる。

もうひとつは、私自身の個人的な経験にもとづく例だ。私は黒人で、女性で、左利き。そうした次元どれもが私とプロダクトの関わり方に影響しているが、もしハサミをデザインするのであれば、最も重要なのは明らかに左利きという点だ。左利きの人にとっては、紙を切るという単純な作業でも左利き専用のハサミでないと難しい。私が女性であること、黒人であることは、ハサミのデザインにはほとんど、いやまったく関係してこない。その一方で、さまざまな化粧品を試せるアプリのデザインをする際には、黒人であることが関係してくる。

› どのようにすればより多くの視点を取り入れることができますか？

多様性のあるレプリゼンテーションをもつチームであっても、新たな視点をさらに取り入れれば必ず利点があるだろう。けれども残念ながら、チームの影響力の対象範囲を拡大することは大きな難問であることが少なくない。

ここでは、より多くの視点を取り入れるためのアイデアをいくつか紹介する（詳細は第7～第10章を参照）。

- プロダクトインクルージョンに関するボランティアグループをつくり、見過ごされてきたコミュニティの人々を募る。
- 調査への参加者にインセンティブを与える。
- 従業員の友人や家族など、信頼できるテスターのグループをつくる。
- オンライン調査や人通りの多い場所（ショッピングモールなど）で対面調査を行う。
- 小規模の企業なら、社内のさまざまな部門の人を加える。たとえば、マーケティング担当者をプロダクト会議に招いたり、従業員の友人や家族を集めてフォーカスグループをつくったりする。

見過ごされてきたユーザーに参加をしてもらう際には、敬意を払うとともに、プロダクトの役立つ点や役立たない点を率直に話せるような安心感を確保する配慮が必要だ。また、見過ごされてきた経験を話したいはずだと決めつけず、考えを話してくれるという選択に感謝の意を表そう。

よくある間違いは、ただ さまざまなバックグラウンドの人にいてほしいというだけでそうした人を集めることだ。そうすると、特定の人種を代表するという理由だけで集められたと判断され、形ばかりの参加になりかねない。自分がコミュニティで唯一の存在であることも、自分のカルチャーやコミュニティを代表しなければならないことも、落ち着かないし、気疲れしてしまう。

› プログラムを、マネージャー／VP／マーケティングマネージャー／エンジニアリングリードに注目してもらいたいのですが、どうすればいいでしょうか？

プロダクトのデザイン・開発にインクルージョンを組み込む際に、大きな課題のひとつになるのが、その価値を周囲に納得させることだ。第4章で説明するように、ヒューマンケースとビジネスケースのふたつのケースをつくるのが最も良い方法だ。見過ごされてきたユーザーにインクルージョンが与えるポジティブな影響と、イノベーションや収益、成長といった面での潜在的なチャンスとを示すといい。

解決を目指すコア・チャレンジに焦点を絞ろう。あなたのプロダクトが人々の生活を豊かにし、彼らを力づけるものなら、サービスを受けていない人々の統計を取り、そうした層が持つ購買力／見込みに関するデータと組み合わせる。データに裏打ちされた説得力のあるストーリーを語れば、相手を納得させられること間違いなしだ。

また、誰かを巻き込むには、その人たちの判断によって影響を受ける可能性のあるユーザーと対面してもらうのも効果的だ。本書の冒頭で述べたように、「歩み寄り」によって人々は共感することができるし、見過ごされてきた消費者のためのプロダクトをつくることが、どれほど人々の生活にポジティブな影響を与えられるのかが本当に理解できる。ある大学を訪れ、学生たちに学校で使うノートパソコンをどのように選んだかを聞いたことがある。彼らは価格はもちろんだが、音楽を再生するためのスピーカーも重要なのだという！　大学を出て10年近く経つ私には、彼らの話を聞くまでは、その立場に立って考えることなどできなかった。

自身が見過ごされてきたグループの一員でなくとも、プロダクトインクルージョンは実現できる。実際、非常に情熱的で積極的なチャンピオンやシニアスポンサーの多くがいわゆる多数派の人々だ。

› 私もバイアスをもっているでしょうか？

この質問に対する答えは、「イエス」。私たちは皆、バイアスをもっている。その事実を認識したうえで、自分自身に、またお互いに、バイアスを軽減するよう積極的にはたらきかけることがバイアスを克服するための解決策だ。バイアスはいつも悪者というわけではない。頭の中で近道をしなければ、うまく考えて結果を出せないこともあるだろう。けれども、意識的にインクルーシブになるには、バイアスがあることを認識し、立ち向かう必要がある。「ほかには誰が？」と尋ねたり、自分とは違う人からフィードバックを得たりすることで、別の視点から取り組みを見つめ、最終プロダクトをよりインクルーシブにする方法が理解できる。

この本を書いている間ずっと、編集者がもっと深く掘り下げたり、考え方を広げたりするべき部分を私に示してくれた。私は常にプロダクトインクルージョンに触れて仕事をし、食べ、飲み、寝ているので、プロダクトのデザインや開発にインクルージョンを組み込むという概念も、そのためには何が必要かも熟知している。でもだからこそ、省いてはいけない詳細を無意識のうちに省略してしまうこともある。編集者は読者の代弁者として、外部の視点から原稿を見て、もっと説明と詳細を加える必要がある箇所を指摘してくれた。編集者の意見は、私が見落とした点を指摘してくれるとてもありがたいものだった。それはチームでも同じで、バイアスを克服するには、指摘がなければ見落としがちな問題に光を当ててくれる外部の視点が必要だ。

意図をもったデザイン

――エマニュエル・マシューズ
(Course Hero 人工知能グループ・テクニカルプログラム・マネージャー、Amplify Genius ファウンディング・プリンシパル)

デザインは意図をもって行われるべきです。そして、明確にその意図のために最善を尽くさなければ実現することはできません。あらゆる人に使われることを目的としたプロダクトをつくる場合には、そのプロダクトがどのように認知され、どのように利用され、どのような影響を与えるのかを明確に理解しておく必要があります。特にテクノロジー企業の場合には、プロダクトチームは同じような人の集まったグループであることが多いのが現実です。この裏には、採用や企業のカルチャーから、歴史的な不公平、地理的な問題など、さまざまな要因があります。しかし理由が何であれ、チームのメンバーが均質であるがためにプロダクトにもたらされる影響は同じであり、プロセスに欠けていたものがプロダクトに現れてしまいます。見落としによって、黒い肌の色を認識できないセンサーや、ユーザーにまるで関係のない提案をしてしまうデジタルアシスタントなど、さまざまなかたちで現れてくる可能性があるのです。

プロダクトインクルージョンの最低限の基準さえ満たさないようなグローバル・プロダクトをデザインしても許される時代は、とっくに終わりました。ソーシャルメディアの普及に伴い、歴史的に見過ごされてきたコミュニティのユーザーを排除したプロダクトは、メディアや社会からのネガティブな非難の渦に巻き込まれます。企業は、ブランドに消えることのないダメージを受け、収益を失うだけでなく、そうした大惨事をそもそも防ぐためにはどうしても欠かせない、見過ごされてきたコミュニティからの人材確保も維持もできなくなります。

プロダクトインクルージョンの難しさのひとつは、プロダクトオーナーやリーダーに、心から提供したいのは何かについて正直で明確な姿勢が求められるところです。多くの場合、リーダーはそれに怖気づきます。というのも、会社としてのミッションは世界全体に影響を与えるためにプロダクトをつくることであるにもかかわらず、現実には裕福な顧客層だけに向けたプロダクトをつくるという矛盾が生じているためです。ただ実際には、インクルーシブなプロダクトの開発は、道徳や倫理の面で必須であるだけでなく、プロダクトの使い勝手や機能といったあらゆる面の向上にもつながります。私がプロダクトをつくる際には、当初想定したケースの根拠となったユーザーだけではなく、そこから最も遠いコミュニティのユーザーにどんな恩恵をあるかを想定し、同様の配慮を開発プロセスに浸透させるようにしています。

インクルージョンには、量子物理学の学位のようなものは必要ありません。必要なのは、配慮と意識だけです。インクルーシブなプロダクトをつくる最も簡単な方法は、協力者の力を借りることです。これまで疎外されてきた人たちは、意思決定の場となる会議室にはおそらくいないでしょう。ですから、こうした問題について声を上げるすべての社員を奨励し、支援する環境を育てることが重要です。私はGoogleで働いていた頃、データ収集の戦略からプロダクトマネジメントへのアドバイスまで、チームが見落としている部分をカバーする支援を依頼しようと、アニー〔本書の著者〕やプロダクトインクルージョンチームに何度も助けを求めました。

でも、もしあなたの会社にプロダクトインクルージョンチームがいなくても大丈夫。プロダクトがインクルーシブかどうか常に疑問を投げかけ、多様性のあるユーザーにプロダクトを評価してもらうチェックポイントをロードマップに追加すればよいのです。これを一貫して実現する方法として、もうひとつ手軽に実行できるのは、経営、リサーチ、プロダクト、プライバシー、品質保証などに関するすべての必要書類に、プロダクトインクルージョンに関する項目を設けることです。

› 注目すべき点をひとつ挙げるとすれば何でしょうか?

この質問に対する答えは、あなたとあなたのチームの、プロダクトインクルージョンへの一般的な理解度と、特にサービスを提供したい見過ごされてた人たちに対する理解度、チーム構成、プロダクトデザインの既存プロセス、必要な専門知識やリソースへのアクセス、デザインしたいプロダクトやサービスの性質など、さまざまな要因によって異なる。

おしなべて、すべてのチームがまず注力すべきなのは、見過ごされてた人たちに対する認識と理解を築くこと。そうすると当然、そうしたグループのメンバーと会って話をすることが必要になってくる。デザインを（できることなら共に）行う対象となるそうした人への「歩み寄り」が実現してはじめて、どのようなプロダクトをつくるか、どのような機能を盛り込むか、どうやってテストし販売するかなどについて、十分な情報に基づいた決定ができるようになる。

積極的に優先することができていない層を明らかにして、その層に該当する人々との対話やインタビュー、フォーカスグループ、調査、調査結果のプロダクトデザインへの反映を実施し、プロダクトをテストしてフィードバックしてもらうことで学びが深まるだろう。

Live Transcribeで世界をよりアクセシブルに

―― ブライアン・ケムラー
（Android担当プロダクトマネージャー）

―― クリストファー・パトノー
（アクセシビリティ・プログラム・ヘッド）

Live Transcribe（音声文字変換アプリ）は、難聴者や聴覚障がい者のコミュニケーションを少しでも容易にするためのツールです。このツールは、Googlerのディミトリ・カネフスキーが同僚とのコミュニケーションに問題を抱えていたことにヒントを得て開発されました。ただ、ディミトリのために課題を解決していくうちに、私たちはこれは多くのユーザーにとって有益なものになると確信しました。Live Transcribeは、スピーチや音声を画面上にリアルタイムで書き起こし、ユーザーがもっと簡単に会話に参加できるようにします。「より多くの人が世界中の情報にアクセスできて使えるようにする」という企業としてのミッションは、誰かがより円滑に大切な人とコミュニケーションをとれるようになることで、一歩実現に近づきます。障がいのある人が自分の人生を最大限に生きられるための力になってはじめて、その機能は役立ち、意味を持ったと言えるのです。

プロダクトやプロセスの面での成功は、将来の自分のためにアクセシビリティを構築する、というカルチャーの変化が達成されたように見える点です。今現在の自分のためではなく、将来の「自分」のために（運良くそれまで生きていられれば）、あるいは決して知ることのない誰かのためにつくっていると言えるかもしれません。

インクルーシブでアクセシブルなプロダクトを開発するうえでは、ユーザーに代わって仮定するのではなく、実際のユーザーからフィードバックを得ることが不可欠です。そのためには、早い段階から頻繁にユーザーの意見を聞く必要があります。それが、自身の思い込みに疑問を投げかけ、新しいコミュニティへの架け橋となることもあります。

Live Transcribeは、特定のグループ、あるいはたとえそれが1人であっても、誰かの抱えている問題に応えようと開発をすれば、対象の人以外にも良い結果やメリットをもたらすことを示しています。私たちは、字幕がどこでも（デバイス上の動画でも、現実の会話でも）利用できる世界を思い描いていました。そして、ギャローデット大学とのコラボレーションによって、全ユーザーにLive Transcribeを提供することができたのです。

アクセシブルなプロダクトのデザインに大切な4つの柱

――ジェン・コゼンスキー・デヴィンズ
（アクセシビリティチーム　UXリード）

私たちが力を入れるのは、最も幅広い影響を与えられる取り組みです。たとえば、デザインシステムは多くのプロダクトの基盤となるものなので、そのアクセシビリティの確保に注力すれば、どのチームにとってもデザイン・開発プロセスが容易になり、困難で興味深いデザインの問題に集中できるようになるはずです。

また、どこに注力すべきかを十分に理解するために、内部調査をし、それによってアクセシブルなプロダクトをつくるためにチームが行うべきことを把握して、さらに外部調査によって満たされていないユーザーニーズをより深く理解しようとしています。

私たちは、プロダクトデザインを支える大切な4つの柱を重視しています。

- すべてのチームがアクセシブルなプロダクトを簡単につくれるように、リソース、リサーチのインサイト、ツールを提供する。
- チームが、ユーザーテストを通してプロダクトのユーザーエクスペリエンスの質を理解するのを手助けする。
- アクセシビリティ領域（はじめから障がい者のニーズを満たすためにデザインされたプロダクト／機能）でのイノベーションのデザインと開発を支援する。
- トレーニング、外部へのはたらきかけ、学校へのカリキュラム導入などを通じて、インクルーシブデザインとアクセシビリティに焦点を絞る方向へとUXのカルチャーを変える支援を行う。

プロダクトインクルージョンの仕組みを導入する

―― ニナ・シュティレ
(インテル　リード・ダイバーシティ・ビジネス・パートナー)

人はプロダクトや経験を記憶しています。プロダクトインクルージョンには、新しい消費者市場を切り開き、ブランドの認知度を高め、優秀な技術者を惹きつける力があります。

テクニカルリーダーは、プロダクトインクルージョンのコンセプトを即座に受け入れます。論理的だからです。業界として、私たちはアクセシビリティに関して明確な基準と指標をうまく設定してきました(とはいえ、改善の余地はもちろんありますが)。2019年の課題は、アクセシビリティの領域で学んだ知見を、人種、民族、ジェンダー、年齢、地理的位置など、他のダイバーシティの次元に応用することでした。プロダクトマネージャー、リサーチャー、UXデザイナーが自分たちのプロダクトがインクルーシブであるかどうかを判断する際に役立つプロダクトのガイドラインを作成するために、シニアリーダー陣が支援し、取り組みをリードしています。このガイドラインには、機械学習に多様性のあるトレーニングデータを用いることや、多様性のある人々を網羅するユーザーリサーチの実施などが盛り込まれています。このガイドラインでコンセプトを実証するとともに、ソフトウェアのインクルージョンのレベルが測れる評価システムを構築し・導入していきたいと考えています。

私たちダイバーシティ協議会では、定期的に目標に対する進捗状況を発表していて、それが自然と良い議論のきっかけになっています。シニアステークホルダーから進展や不足についてのメールが大量に届きはじめるので、説明責任のメカニズムが機能しているときには間違いなくわかります。

CHAPTER

4

―

プロダクトインクルージョンのケースを作成し、同意をとる

万人にとって魅力のあるプロダクトやサービスの開発を成功させるためには、まず組織内のリーダーから、プロダクトのデザインや開発、テスト、マーケティングに携わる人まで、さまざまな立場の人たちの参加を得なければならない。理想は、各プロダクトを成功させる責任を負う立場の人たちから、プロダクトインクルージョンの重要性について全面的な同意をとることだ。全面的な同意があれば、主要な関係者が従来どおりに仕事をして現状が変わらないという事態に陥る可能性が大幅に減り、同時に、関係者全員に真にインクルーシブなプロダクトをつくろうというやる気が生まれる。

組織内の人々の考えや行動の方法を変えるには、力を結集する必要がある。そのためには、プロダクトインクルージョンに関する説得力のあるケースをつくり、あらゆる人の同意を得なければならない。

プロダクトインクルージョンのケースを作成する

重要性を納得してもらうためにプロダクトインクルージョンのケースをつくるにあたっては、次の2種類のケースをつくる必要がある。

- **ヒューマンケース**　一般的には、歴史的に見過ごされてきた消費者にとって、いかにプロダクトインクルージョンが重要かを説明するストーリー。
- **ビジネスケース**　プロダクトインクルージョンのメリットを、ビジネスの観点から示す詳細な情報。

もちろん、どちらかのケースだけで参加が得られることもあるだろう。たとえば、未開拓のマーケットにとても大きな可能性があるのなら、ビジネスケースだけで仲間に引き込めるかもしれない。けれども、ビジネスケースで判断しがたい場合には、ヒューマンケースを取り上げ、たとえば十分なサービスが提供されていない消費者の生活がインクルージョンによってどう変化するかを強調することで、プロダクトインクルージョンに有利なように状況を好転させることができる。

取り組みを前に進めるために、データ（ビジネスケース）と共感を呼ぶストーリー（ヒューマンケース）を組み合わせ、組織内の人たちを合理的かつ感情的に刺激しよう。

ヒューマンニーズとビジネスチャンス

――ジョン・マエダ
（ピュブリシス・サピエント社 副社長／チーフ・エクスペリエンス・オフィサー　MaedaStudio.com）

インクルージョンに関心を持つことと、チャンスと捉えることは異なります。けれども、プロダクトインクルージョンはその両方を意味します。インクルージョンの必要性の認識から、チャンスの理解、さらには変化に向けてのアクションへと人々を移行させなければなりません。

最後のステップが難しいのはなぜでしょうか？　大企業の場合は、大きな船を旋回させるようなものです。会社にはすでに勢い、リソース、ひとつの方向へと進む力があり、それを変えるには時間と労力が必要です。一方、小規模な企業では、リソース、時間、人材などに限度があります。ただ、企業の規模が大きくても小さくても、共感は間違いなく可能です。他人の視点を理解することで、自分たちのプロダクトやサービスを別の角度から見る機会が手に入り、プロダクトデザインのプロセスにほかのレンズを持ち込むことができるようになります。

リーダーにとって、目に見える一歩目を踏み出すのは何よりも難しいことです。インクルージョンは学ぶ機会を与えてくれ、成功する人は誰でも学びを尊重します。とはいえ、学びは大きな痛みを伴うこともあります。とりわけ、視点を変えなければならない場合や、これまでの考え方や行動に疑問を投げかける場合はそうです。それでも、リーダーには、必要とされる労力を喜んで受け入れるようお勧めします。信じられないほどの見返りが待っているからです。手にするのは、想像をはるかに超える、数多くの人々の生活に影響を与えるチャンスであり、このチャンスは、これまで議論に心地悪さを感じていたような現実に向き合って初めて得られるものです。

どんな組織も、従業員の数が少ないとか、リソースが限られているとか、あまりに官僚主義的だとか、変化を嫌う体質であるとか、さまざまな制約を抱えています。しかし、組織の大小にかかわらず、アジャイルであること、すぐに新しいことを試すこと、本質的なインパクトを与えることで、チャンスに乗じることが可能です。それに、顧客に共感し、もっと歩み寄るチャンスは常にあるのです。

› ヒューマンケースの作成

シンガーソングライターのマシュー・ウエストは、かつて「個人的なストーリーの力に勝るものはない」と語った。ストーリーはデータを生き生きと肉付けし、データは人々の目をチャンスと可能性に向ける。『リーダーシップをデザインする』[1] などの著書があるジョン・マエダも、これに同意する。彼の主張は、なぜあなたがその数字を示しているのかを単に説明するよりも、ストーリーを語る方が、はるかにインパクトがあるというものだ。また彼は、あるリーダーシップ会議で耳にした言葉を引用し、「ストーリーは統計に勝る」と確信していると言う。言い換えれば、短いストーリーの方が、長々と説明するよりも重みがあるということだ。

プロダクトインクルージョンのヒューマンケースをつくる際には、次のような手順で進める。

---

[1]『リーダーシップをデザインする:未来に向けて舵をとる方法』ジョン・マエダ、ベッキー・バーモント 著、友重山桃 訳、東洋経済新報社、2013年

1 **現実の消費者の発している意見——希望、ニーズ、不満——を知る。** ソーシャルメディアでの情報収集もできるが、実際に会って話をしたり、オンライン調査やフォーカスグループで意見を集めたりする方がはるかに望ましい。組織内、または(できれば)あなたの組織にも競合他社によってもニーズが満たされていない顧客といった組織外の人たちと話をしてみよう。たとえば、私が以前UXブートキャンプの「She Designs」コースを受講し、オンデマンドの医療アプリをつくるためのヒューマンケースを作成していたときには、さまざまな年齢層や能力をもつ複数の人と話をした。

架空のユーザー・ジャーニー、あるいは消費者のことを知っていると自認する人がつくるペルソナで妥協するのはやめよう。そして、見過ごされてきたユーザーと面と向かって、定期的に話してみよう。そうしなければ、説得力のあるヒューマンケースをつくるための大切な情報やインサイトを見落としてしまうだろう。

2 **集めた情報から傾向を見定める。** 開発したオンデマンドの医療アプリのためにインタビューを行ったところ、年配のユーザーには、医療サービスが自宅へ届けられるオプションや、資格をもつ医療従事者とビデオ会話ができるオプションが役立つことがわかった。ここでは、私が集めた、傾向が見定められるような言葉をいくつか紹介する。

- 「私の街の公共交通機関は、利用しづらいんです」
- 「スケジュールを立てて、何人もの医師の予約を取るのは面倒です」
- 「医師をよく知らないので、病歴すべてを話すのが不安です」

3 **現在提供されているプロダクトやサービスから排除されたり、無視されたりした経験に関するストーリーを少なくとも1人分つくる。** 人によって何が心に響くかは異なるので、確実に同意を得るためにさまざまなストーリーを構成しよう。私はステップ2で引用した言葉をもとに、「マイルズ」と名付けたペルソナのストーリーをつくった。

マイルズは、ボストンで同性婚の夫と犬と一緒に暮らす62歳。マイルズは、医療機関や処方箋に簡単にアクセスしたいと思っている。ただ問題は、アクセスしにくい交通機関や建物、そして彼の多忙なスケジュール。マイルズは、信頼できる医師が来てくれるオプションが気に入っている。また、処方箋を届けてもらえば時間を大幅に節約できるのに！ と思っている。彼の出した意見は、信頼と病歴の継続性を築くために患者はずっと同じ医師に診てもらうべきというものだ。

ストーリーを構成するときには、以下のガイドラインに沿って作成してみてほしい。

- 対象者の名前を具体的に挙げる。架空の名前でも構わないので具体的に。
- 対象者の属性と、属性の交差を明確にする。例：アメリカ中西部に住むラテン系の女性など。
- 問題点を挙げる。例：蛇口のモーションセンサーが暗い色の肌を感知しないので、公共の場にある自動水栓が使いづらい（何人かがこの問題に気づいてYouTubeに投稿している）。
- それによって彼らがどう感じているかを説明する。彼らは苛立っている？ それとも疎外感を覚えている？
- 引用が役に立つと思われ、ストーリーにスムーズに組み込めるときには、インタビューで聞いた言葉をそのまま引用する。

すでに消費者調査のリサーチャーと共に仕事をしているのであれば、会ってリサーチ方法を把握し、消費者に「もっと歩み寄る」方法や、消費者の意見からもっとよくまとまったインパクトのあるストーリーをつくる方法について話し合おう。

ビジネスケースの作成

ビジネスケースの作成は、組織内での立場に関係なく行うことができる。チームと共に取り組み始めたとき、私にはプロダクトのバックグラウンドも、マーケティングやリサーチ、エンジニアリングの学位もなかった。必要なのは、しっかりとしたデータ、ターゲット層と組織のステークホルダーについての高い理解度、そして組織が提供するプロダクトやサービスをもっとインクルーシブにしたいという情熱だけ。そうした基本的な要素がしっかり揃っていれば、インクルージョンのレンズとしての役割を果たすことができ、組織内の誰もがそれを通してプロダクト開発における自分の役割を眺められるようになる。

ビジネスケースの作成には次の3つのステップがある。

1 実際の消費者が希望、ニーズ、課題など何を語っているのかを見極める。
2 インクルージョンのビジネスケースを裏付けるデータを収集する。
3 データを整理して効果的なプレゼンテーションを行う。必要に応じて、よりインパクトを与えられるデータ可視化ツールを活用する。

私たちは、主だった新しいプロダクトごとに、以下の作業を行ってプロダクトインクルージョンのケースを作成している。

- **主要な人口層の市場機会を見極める。** たとえば、女性は世界の人口の50%を占め、その購買力は何兆ドルにもなる。
- **現実のユーザーが何を求めているかを認識する。** たとえば、ビデオゲームを楽しむ女性の多くは、自宅で決まった空間と時間でプレイする「セッション」という昔ながらのプレイスタイルのPC用／家庭用ゲーム機向けタイトルに、ゲーム業界が注力しているのを感じている。そうしたスタイルを楽しむ人が多い一方で、もっと自由なスタイルでゲームを楽しみたい人も多い。一日の中でのさまざまな「瞬間」や「気分」に合わせて、さまざまなジャンルやデバイスを自分のペースで使いたいのだ[2]。
- **現在提供されているものと、主要な層のニーズ・願望とのギャップを調査し、市場機会を特定する。** たとえば、約50%の女性がビデオゲームをプレイしているものの、「ゲーマー」を自称する人は10%にも満たないと言われており、実際にお金を払ってゲームを購入する人も少ない。もし業界が女性ゲーマーのためのインクルーシブな場をつくることができれば、何百万ドル、何十億ドルもの利益を生みだすことができるだろう。

[2] https://medium.com/googleplaydev/driving-inclusivity-and-belonging-in-gaming-77da4a338201

インクルージョンのビジネスケース

―― パリサ・タブリーズ
（シニアディレクター、Googleのセキュリティ・プリンセス）

Googleでは、「ユーザーに焦点を絞れば、ほかのすべては後からついてくる」という言葉をよく耳にします。私たちにとってのChromeのように、世界中のユーザーにサービスを提供したいという野望がある場合、成功して潜在ニーズを最大限引き出すためには、多くのユーザーのダイバーシティ（社会経済的地位、識字率、アクセシビリティ、年齢、肌の色、民族性、ジェンダーなど）を考慮しなければなりません。世界の人口動態の変化や、現状ではテクノロジーの恩恵を受けていないユーザーの購買力の大きさを考えると、いかに重要かがわかります。一例を挙げると、視覚、運動、認知、聴覚のいずれかの障がいを持っている人は人口の15%と推定され、その世界市場は1兆ドルに上ると推定されています。この数字は、病気であるとか、赤ちゃんや大きな荷物を抱えている場合など、一時的または状況的なハンディキャップを考慮すると、さらに大きくなります。

また、見過ごされてきた誰か1人のユーザーのケースを想定してつくると、結果的にすべての人にとってより良いソリューションとなることが多くあります。たとえば、歩道の切り下げ（歩道との高低差があるときに道路に向かって傾斜している箇所）は、当初、「障害を持つアメリカ人法」の要件を満たすためにつくられていましたが、現在では自転車やスケートボード、ベビーカーを押す親などにもメリットがあり、誰にも不都合はありません。また、OXOのキッチン用品は、創業者の妻が関節炎を患い、ほかのキッチン用品を握るのが困難だったために制作されたものですが、今では広く誰にとっても素晴らしいキッチン用品と考えられているのです！

人の助けになるとともに学ぶチャンスもある、プロダクトインクルージョンの支援者になるのはワクワクします。ここ1年だけでも、目を見張るような成功例や失敗例を知り、その学びをChromeなどのプロダクトの開発に携わるさまざまなチームと共有して拡大していくことができました。前進するという点では、既存プロダクトのアイデア出し、デザイン、テストのプロセスをはじめ、そのライフサイクルのさまざまな側面に、より多様性のある視点を取り込み、うまくいっていること、いかないことを学ぼうとしています。今のところ、Googleにおけるプロダクトインクルージョンは、まだまだできたての実践コミュニティであり、新しいアプローチを試してみる余地がたくさんあります。そして私は懸命に、意識を向上させ、ほかの人たちが自分の仕事に関連するインクルージョンについて考え、質問することを勧めています。いつの日か、セキュリティや信頼性、性能といったプロダクトの品質の重要な側面へのアプローチと同じように、プロダクトインクルージョンに対してもより戦略的で一貫性のある、多面的なアプローチがとられるようになればと思います。

幅広いユーザー層に向けてより良いプロダクトをつくることは、正しいことであるだけでなく、ビジネスにとっても有益なことです。

› すべてをまとめてつくる

プロダクトインクルージョンのヒューマンケースとビジネスケースの両方がある場合、聞き手にとって最も説得力ありそうなかたちでどちらかを強調すると、広範囲に及んだケースをバランスよく示せる。ビジネス寄りのレンズをもつ人との会話で、ビジネスケースとヒューマンケースのバランスを取る場合、金銭的に有益な仕事だと裏付けるデータを共有するだけでなく、数字の裏にある「なぜ」を伝えて感情的にアピールし、ビジネスケースを強化する。逆に、人を中心としたケースには同意するものの、それが自分のコアビジネスの目標にどう関ってくるのかわからないという人には、ビジネス面のチャンスを示すデータ（市場規模、購買力など）を持ち込むことで、相手がそうしたインサイトを自分の主要業務に組み込む気になるように誘導できる。

ヒューマンケースとビジネスケースとのバランスをとった、プロダクトインクルージョンのピッチ〔短時間で企画や製品を売り込むためのプレゼンテーション〕の例を考えてみよう。あなたのチームがオンライン講座のブランドを立ち上げようとしているとする。従来はほぼ団塊の世代のみを対象にしてきたが、今後はミレニアル世代にとってより魅力的な講座を提供していくことが必要だ。そういうときには、ヒューマンケースとビジネスケースのバランスをとって次のようなピッチを行うことが考えられるだろう。

> 人々の学習方法に革命を起こすことが私たちの使命です。ミレニアル世代の25%は、ベビーブーム世代よりも10%長い、1日平均32%の時間をインターネットの利用に費やしていることをご存知でしょうか？　ミレニアル世代の人口は、米国の約25%にあたる約8,000万人です。しかし現在、当社のプロダクトを購入しているのは、ミレニアル世代のたった5%に過ぎません。これを15%に引き上げられれば、数百万ドルの収益を手にすることになるのです！
>
> ミレニアル世代は、起きている時間の大半をオンラインで過ごし、パーソナライズを好みます。Think with Googleの調査によると、米国のマーケティング担当者の89%が、何らかの個人向けカスタマイズによって収益が増加したと回答しています[3]。
>
> ミレニアル世代は、インターネットに触れて育ってきたデジタルネイティブであり、オンライン学習を自然に受け入れます。自分のことを理解してくれていると感じてもらうこと（そして人口の一部のセグメントを真に理解するために時間をかけること）で、エンゲージメントの向上につながると考えます。

同意を形成する：トップダウンとボトムアップ

プロダクトインクルージョン・イニシアチブが成功するかどうかは、組織内の人材をいかに取り込めるかにかかっている。トップからボトムまですべての同意を取り付ける必要がある。そのために、2方向からのアプローチをしよう。

- **リーダーの同意**　アカウンタビリティ（説明責任）、リソース、可視化、ビジョン、サポートを確実なものにするには、リーダーの同意が不可欠だ。積極的なリーダーは、あなたの取り組みのチャンピオンとなり、また前進す

[3] https://www.thinkwithgoogle.com/consumer-insights/consumer-trends/consumer-behavior-mobile-digital-experiences/

るなかで遭遇しうるあらゆる抵抗を低減する助けになる。

- **草の根的な一般社員の同意**　エネルギー、拡大、インスピレーション、実施／実行には一般社員レベルでの同意が必要だ。そうした人たちがプロダクトインクルージョンの成否を左右する。

まずはトップから始めよう。リーダーが参加していれば、下の立場の人たちを説得するのも簡単だ。けれどもリーダーシップが消極的であったり、なかなか行動しなかったりするときには、草の根的な一般社員対象の活動から始めて勢いをつけ、より権限ある立場の人を納得させていくやり方でうまくいく場合もある。

最良の結果を得るために、トップダウンとボトムアップの両面から取り組めれば理想的だ。Googleでは、リーダーと共にGooglerがインクルーシブプロダクトの開発に協力できるような環境をプロダクトインクルージョンチームがつくっている。プロダクトインクルージョンのために、ヒスパニック／ラテンアメリカ系、黒人、女性、アジア系、LGBTQ+、イラン系のGooglerを対象としたアフィニティグループが立ち上げられているのはその一例だ（アフィニティグループは、共通の関心事や目標のために公式または非公式に集まった個人の集まり。グループ同士、また外部コミュニティとのコミュニティを構築し、企業内の文化的なイベントや慣例に対する意識を高める）。また、アフィニティグループから「インクルージョン・チャンピオン」と呼ばれる旗振り役を務めるボランティアを募り、独自の視点をプロダクトチームに伝えたり、プロダクトテストの際にチームをサポートしたりしてもらっている。たとえば、プライド@プロダクトインクルージョンというワーキンググループを立ち上げた際にはギジェルモ・カレンと共に取り組んだが、その後彼はリーダーへとステップアップし、組織の構築に最適な方法、ミーティングの頻度、私が理解すべきニュアンス、今後登場する重要なイベントや出来事などをグループが理解できるよう取り組んでくれた。

ビジネスと人にとっての必須条件を認識する

―― リネット・バークスデール
（ゴールドマン・サックス　ダイバーシティ&インクルージョン担当VP）

ビジネスリーダーにとって、プロダクトインクルージョンについて考えることは、もはや重要事項ではありません。必須事項なのです。今は、次の10億ユーザーを獲得するための競争のただ中です。このマーケットで競争するためには、これまでに直面したことのない文化的な違いのなかで舵取りをしていかなければなりません。将来のプロダクトと企業自体がマーケットでの優位性を獲得し維持できるかどうかは、ユーザーと迅速かつ公正に関われるかどうかにかかっています。

ユーザーには多くの選択肢があります。企業が各ユーザー独自のニーズに対応しないで済む時代は終わりました。ユーザーは支払ったお金から最大限の価値を得たいと考えていますし、ニーズが満たされなければ、すぐに別の会社やプロダクトに移ることが可能です。吉報は、企業がそれぞれのビジネスにふわさしい方法でプロダクトインクルージョンを考えればいいということです。ただそのためには、新しいアイデアや新しい人をもっとオープンに受け入れなければなりません。意思決定のプロセス、雇用している人材、その人材がどのように同意したり反対したりしているかをよく見て、議論の場に適切な視点が持ち込まれているかを見極める必要があります。

› エグゼクティブの同意を取り付ける

プロダクトインクルージョンの利点を経営陣に納得させるのは、最も困難な作業になることが少なくない。エグゼクティブは多くの検討事項を抱えて多忙で、自分のやり方を堅持するかもしれない。組織がすでに目標を達成している場合は、組織の働き方を変えるような考え方を好まないかもしれない。逆に、組織が目標を達成できていない場合には、プロダクトインクルージョンを受け入れやすいかもしれないし、ほかのインセンティブに注力していて新しいアイデアを受け入れられないかもしれない。

1人とは言わず複数のエグゼクティブを納得させ、取り組みの旗振り役になってもらうチャンスを高めるため、次のようなステップで進めよう。

1 **説明する相手を知る。** このリーダーは何に関心があるのか？　今年の目標は何か？　過去にどんな課題を目にしてきただろうか？　過去のプロダクトインクルージョンの取り組みで失敗したものはあるか？　その場合、どんな理由で、将来の試みに対するリーダーの態度にどのような影響を与えたか？　こうした質問の答えを理解しておくことで、ピッチをできる限り意味と説得力のあるものできる。
2 **明確な計画を立てる。** たとえば、組織やチームのマップ上で、インクルーシブ・レンズを加えられそうな重要な転換点を見つけ、ミーティングの前にそれを共有しておく。今年、大規模なマーケティングのプッシュ戦略が予定されているなら、関連するインクルーシブ・マーケティングの原則（第6章参照）を紹介する絶好のチャンスだ。
3 **組織内のチャンピオン（旗振り役）の力を借りる。** 1人でも（一般社員レベルでは）すでに素晴らしい取り組みが進んでいると認識していれば、エグゼクティブが支援を約束する可能性は高くなる。結果と、その結果が組織にどんな好影響を与えているかがわかるためだ。興味を持ってくれそうな人に声をかけ、ハイレベルなライトニングトークを行って支持を集めよう（ライトニングトークについては第8章を参照）。
4 **具体的な依頼をする。** たとえば、予算、全員参加のミーティング、具体的な目標と主要成果（OKR）へのコミットメントなど、必要なことを依頼しよう（OKRについては第6章を参照）。
5 **聞き手に合わせてヒューマンケースとビジネスケースを調整する。** 事実や数字、消費者のストーリーを組み合わせた正式なプレゼンテーションを作成しよう。ユーザーの生の声を伝えることができれば、なお良い（顧客満足度レポートやソーシャルメディアで収集した意見があれば、スライドで引用したり要点を取り上げたりする）。人々が「歩み寄り」を助けることが重要であり[4]、そのためには十分なサービスを受けていない消費者と関わり、インクルーシブでないプロダクトが消費者にもたらす悪影響を知る必要がある。

---

[4]『黒い司法』ブライアン・スティーヴンソン 著、宮﨑真紀 訳、亜紀書房、2013年

6 **少なくとも最初は、高いレベルを保つようにプレゼンテーションを構成する。**リーダーの時間は限られているので、素早く要点を伝えることが重要だ。ここでは、ピッチを構成する方法を考えてみよう。

a）関心を引き、関連性のある見出しをつける。たとえば、「今後数年間でインターネットの利用者が10億人増加し、そのほとんどがインド、インドネシア、ナイジェリア、ブラジルだということをご存知ですか？」
b）プロダクトインクルージョンとは何かを説明する。
c）なぜプロダクトインクルージョンが重要なのかを説明する。あなた自身にとってこの仕事が重要である理由を必ず入れること。情熱は伝わるものなので、ピッチには自分自身を織り込もう。
d）ヒューマンケースとビジネスケースをつくる。プロダクトインクルージョンが解決できる、具体的な機会や課題を示そう。たとえば「サービスが十分に提供されていないマーケットや顧客の意見から、またとないチャンスを逃しているのがわかる」など。必ず、消費者の簡単な体験談を少なくともひとつ盛り込むこと。
e）実現可能な次のステップを提案する。たとえば、OKRを作成する、よりインクルーシブなフィードバックを集めるためにドッグフーディング・グループ（社内でそのプロダクトを試用するグループ）を組織するなど（ドッグフーディングについては第9章を参照）。
f）この取り組みをサポートするために、エグゼクティブに行動あるいは提供してもらう必要があることを依頼する。

7 **会う時間を決める。**少なくとも1人のエグゼクティブと直接対面し、空気を読みつつ、その場で質問に答え、支援が必要な理由を肉付けする機会を設けられれば理想的。プレゼンテーションの時間と質問への回答に十分な時間を確保できるように予定しよう。

8 **プレゼンテーションを行う。**プレゼンテーションを行った後、時間が許せば、出された質問にはすべて答えよう。すぐに答えられない場合は、ひとまず「いい質問ですね。答えを改めてお持ちします」などと答えておけば構わない。時間がない場合は、質問や懸念事項を解決するために、次回のミーティング予定を入れてもらおう。

9 **フォローアップする。**ミーティング後には、説明内容、スライド、次のステップや日程を必要に応じてメールでまとめ、フォローアップする。

プロダクトやビジネスのリーダーの参加を得る

――トマス・フライヤー
(ラテンアメリカ系ERGコミュニティアドバイザー、元プロダクトインクルージョン・アナリティクス・リード)

プロダクトやビジネスのリーダーにとって、バイアスやシステム上の不公平がどのように作用し、どのように自分のビジネス目標と結びつくのかを理解するのはなかなか難しいものです。助けてあげたいけど、どうすればいいのかわからない、というフラストレーションを感じていることも少なくありません。

しかし、そうしたリーダーたちはビジネスを深く理解していて、その考え方はプロダクトインクルージョンと完全に一致するものです。彼らはプロダクトインクルージョンがいかにビジネスに直結しているかを認識しているので、理解し、もっと取り入れたいと考えているのです。さまざまなチームで働いた経験から、リーダーが最も重視するのはユーザーだと言えます。彼らは、プロダクトを成功させる唯一の方法はユーザー中心であることだと理解しています。一方でプロダクトインクルージョンは、見過ごされてきたコミュニティをプロダクトの開発プロセスに参加させなければ、ほぼ確実にそうしたユーザーにとってあまり意味のないプロダクトができあがることを雄弁に物語っています。だからシニアリーダーにとっては、従業員がユーザーを代表していなければ、見過ごされてきたユーザーのためにプロダクトをつくるのが困難になる――結局、自分自身のため、または従業員に似た外見や考え方の人々のためにプロダクトをつくることになり、目指す人々のためのものにはならない――という理由を理解するのはたやすいことです。

さらに、最先端のプロダクトをつくった経験のあるプロダクトリーダーなら、真のイノベーションにはさまざまな視点が必要であることを知っています。本当の意味での型にはまらない発想は、あなたやあなたの周囲の人では思いつかないようなアイデアから生まれます。最高のアイデアというものは、一般的にプロダクトやアイデアに接した最初の反応——そのプロダクトをよく知っている人にとってはどうも理解できないような反応——から生まれます。

こうした理由から、プロダクトインクルージョンは、ダイバーシティにとって最も説得力のあるビジネスケースと言えます。

› 一般社員の草の根的な変革を始める

大きな取り組みを成功させる際には、リーダーのサポートを得ることが不可欠な一方、その実行と実施には従業員の同意が必要になる。従業員がプロダクトインクルージョンに同意すると、取り組みを自身のものとし、自分も声を上げ、場合によっては関わっているほかのプロジェクトや活動にまでその取り組みを広げていく。彼らのアクションは、高揚感の共有と、自分が行っていることの重要性への信念から生じるものだ。

従業員の賛同を得るためには、価値提案が受け入れられるように説得しなければならない。少なくとも最初はほとんどの人がコア業務以外をすることになるので、なぜ彼らの助けが必要なのか、どんな影響を与えることができるのか、そしてどんな行動を起こしていけるのかを時間をかけて説明しよう。一般社員レベルの支持を得るにあたって、具体的には次のようなアクションを起こすことができる。

- ヒューマンケースとビジネスケースを示し、組織の成功をより大きなものにしながら人々の生活を変えるチャンスがあることを従業員に伝える。
- 従業員を促し、力を合わせて戦略を立てる。人は、自分のアイデアを共有し、それが実現するのを目にすると、取り組みに賛同するものだ。
- 従業員に、張り切って進めている何かひとつのことに対して責任をもたせ、定期的に一緒にチェックする。
- それぞれの従業員やチームがプロダクトインクルージョンのプロセスにもたらす独自の価値をはっきりと示してみせる。彼らの力なしにプロダクトインクルージョンを行うことは不可能なので、各社員やチームがどのように力になれるかを具体的に伝えよう。プロダクトマネージャー、エンジニア、マーケティング担当者、ユーザーエクスペリエンス・デザイナー(UXer)は、それぞれの役割と、自分ならではの貢献を理解する必要がある。たとえば、プロダクトのマーケティング担当者は、見過ごされてきたユーザーの参加を仰ぐドッグフーディングをロードマップに加えることができる。

インクルージョンを促進する職場づくり

――デイジー・オージェ・ドミンゲス
(ワークプレイス・カルチャーのコンサルティングを行うオーガー・ドミンゲス・ベンチャー社の創始者。DaisyAuger-Dominguez.com)

ダイバーシティ(業界を超えて標準の呼称としての)、さらに最近ではインクルーシビティやビロンギングについて話すとき、組織の会話の出発点は人材の活用についてであることが一般的でした。具体的に言えば、人材調達(リソーシング)や戦略的プランニングなどの入り口は、多様性のある人材の採用だったのです。しかし、単に多様性のある人材を採用するだけでは十分でないことは誰もが知っています。すべての従業員が安心感を覚え、大切にされている、尊敬されていると感じられ、組織の中で成功する機会が公平に与えられていると信じられる必要があります。

従業員が率直な発言を恐れるような環境では、エンゲージメントは低下し、学習機会は認識されないまま失われ、誤りは疑問視されず、イノベーションは実現されません。私の経験では、チームが安心して失敗し、学び、構築／創造することができる会社でこそ、最高のアイデアがいくつも生まれるものです。ディズニーABC〔現在のウォルト・ディズニー・テレビジョン〕では、長年にわたって有色人種のリーダーを育成しつつ、ダイバーシティ、エクイティ、インクルージョン(DE&I)のための組織能力を高めてきた結果、『ブラッキッシュ』や『フアン家のアメリカ開拓記』など、ネットワークの中でも最もダイバーシティに富んだストーリーが展開されるようになりました。またGoogleでは、ビジネスに携わるリーダーたちが、ますます思案し、前提を疑い、多様性のある視点／スキル／経験を求めるようになってきていて、プロダクトをもっとインクルーシブなものにし、もっと多くの人に届け、多様性のある人々とつなげようとしています。

拡大によるスケールアップ　取り組みを拡大し、より多くの一般社員の草の根的なサポートを育てよう。活動が拡大していくと、人々がプロダクトインクルージョンについて学べるだけでなく、チームのコアとなる目標を推進していく具体的な活動例を目の当たりにして自分でもやってみようと刺激される。取り組みを拡大していくのに使える、比較的簡単なステップを紹介しよう。

1 **プロダクトインクルージョンのメーリングリストをつくって会話を促進し推進する。最新情報、リソース、イベントを共有して、コミュニティを構築する。**メーリングリストは、同僚同士で自分たちのやっている仕事を共有し向上させるのにも役立つツールだ。管理するためのコツをいくつか挙げる。
   - ときどき新しいグループや新しい人にメールを送り、メーリングリストの範囲を広げる。
   - いつでも脱退できることを知らせておく。
   - 現在のグループと主要なパートナー（マーケティング部門や従業員リソースグループ）に、定期的に登録者リストの更新を通知し（少なくとも年に2回）、コミュニティの成長を維持する。

2 **取り組みを前進させるために必要な役割やはたらきを担う旗振り役（チャンピオン）を少なくとも1人決める。**たとえば、シニアリーダー、プロダクトマネージャー、ユーザーリサーチャー、マーケティングマネージャーなど。チャンピオンがいれば、困難な仕事をすべて自分でやらなくても、規模を拡大することが可能になる。また権限をもつチャンピオンであれば、業務に照らして取り組みについて話す際に信頼感が伝わりやすい。その信頼感は、それぞれの業務においてほかの人を巻き込むのに役立ち、コミュニティの構築を容易にする。

3 **ビジョンに同意した人に、受け入れて実行してもらいたい重要な原則やアクションを事前にいくつか決めておく。**たとえば、プロダクトインクルージョンについての問い合わせをしてきたチームに応じて、プロダクトインクルージョンのチェックリストを作成したり、インクルーシブ・ドッグフードに関するOKRを設定したりしておくと対応がしやすくなる。またアクションが具体的に目に見えると、個人もチームも参加しやすくなる。

4 **プロダクトインクルージョンのヒューマンケースやビジネスケースに関心をもたせるためのツールを少なくとも1つ作成する。**たとえば、私たちは20%プロジェクトのメンバー（業務時間の20%を割いてプロダクトインクルージョンの取り組みをボランティアで行っているGoogler）の1人、コニー・チューは、デザインスプリントを実施し、インクルージョンに役立つダッシュボードを作成した。このダッシュボードは、現在の人口統計から始まり、ユーザーへのリーチの状況、最後はサポートを強化してリーチを拡大するために採用に合意したプラクティスまで、ストーリーを何から何まで見せるものだ。もちろん、作成するツールは、ダッシュボードの形である必要はない。実際、ダッシュボードは参加してもらおうとしている一部の人たち（リーダーなど）には、ごちゃごちゃしすぎだと感じられるかもしれない。いずれにせよ、誰もが目の前にあるチャンスに気づくような、インパクトのあるものを使うことが重要だ。リーチしようとしている見過ごされてきたコミュニティに関する統計情報を盛り込むことも有効だろう。

情報を広めるためにさまざまな方法を模索する　グループを通して、あるいは全員参加のミーティングを行って情報を広めるほか、これまで思いつかなかったような場所でチラシを配ってもいい。相手が精神的・身体的に日常を過ごす場所に会いに行こう。従業員がよく訪れる場所に糸口を見つけ、価値提案を簡潔に伝えよう。新しい取り組みに目を向けてもらうことは重要だ。より多くの人が耳にし、質問し、願わくば参加してくれれば、取り組みが盛り上がっていく。

私のお気に入りの情報拡散の方法は、社内のトイレの個室にシンプルなチラシを貼り出すことだ。「Testing on the Toilet（TotT、トイレで考えるテスト）」と見事に名付けられたこのチラシは、Googleの伝統であり、世界中で教育的な情報を広めるために使われている。このチラシは従業員を教育するだけでなく、私たちの認知度を高め、取り組みの規模を拡大するのにも役立っている。具体的なアクションをいくつか掲載したチラシを掲示すれば、お金をかけることなく、組織内の複数の部門に情報を届けることができる。

図4-1と4-2は、世界中のGoogleのオフィスに掲示されたチラシだ。それぞれに、仕事や生活を改善するための実現可能なちょっとした情報が掲載されている。私たちは、ハイレベルなコンセプトとチームで実行可能なステップを提供するこのチラシが、プロダクトインクルージョンの認知度を向上させる良い機会になると考えた。

リーダーと同僚の両方の心を変えるというミッションに着手するにあたり、継続的な取り組みが必要になることを心に刻んでおこう。人が記憶を保てる時間は短いし、注意力となるとますます短くなる。しかも以前からこびりついている考え方や行動にすぐに戻りがちだ。プロダクトインクルージョンに関心があると示したり、決意を固めたりしている人たちに気を配りながら普及活動を続けよう。そのうちに努力が大きな実を結び、共感のカルチャーが生まれ、より革新的なプロダクトのデザイン、マーケティング、販売へとつながる。

専任のダイバーシティプログラム・マネージャーを置くメリット

Google Searchでダイバーシティ、エクイティ、インクルージョンプログラム・マネージャーを努めたシュゼット・ヤスミン・ロボサムは、——適切なリーダーを一堂に集めるところから、熱心に宣伝して20%プログラムメンバーを増やすことまで——組織全体の同意を取り付けるうえで不可欠な存在でした。組織内の関係者を熟知した人物が浸透のための流れをつくることは、同意を得るうえで絶対に欠かせません。

シュゼットは、インクルーシブに進めるためには、チームに必ずトップダウンとボトムアップの両アプローチをとらせようと取り組んでいます。そして、コミットメントは1つのグループからだけでは得られないことを心得たうえで、ダイバーシティ協議会を推進し、その一方で組織全体にわたる規模拡大のためにダイバーシティ、エクイティ、インクルージョンのスピーカーシリーズを創設しました。

Testing on the Toiletによる

プロダクトインクルージョン：すべての人のためにプロダクトをつくろう

by アニー・ジャン=バティスト in サンフランシスコ

Googleでは、世界中の何十億人ものユーザーのためにプロダクトをつくっています。しかし、テクノロジーが意図せずにユーザーを排除してしまう可能性もあります。次のような場面について考えてみましょう。

- あるユーザーが写真にフィルターをかけたところ、肌の色が明るくなってしまい、有色人種に対するバイアスが強調される。
- ユーザーが偉大な科学者の情報を検索すると、検索結果にはほぼ男性ばかりが表示される。
- ユーザーが新しいプロダクトに個人情報を登録しようとすると、性別の選択肢が2つしかない。

プロダクトインクルージョン（*go/product-inclusion*）は、初期デザインから発売に至るプロダクト開発の全プロセスに、一貫してインクルーシブな文化・コミュニティのインサイトを持ち込む取り組みです。目指すゴールは、すべての人のために、すべての人でつくることで、優れたプロダクトを実現してビジネスを成長させることです。

プロダクトインクルージョンは、インクルーシブデザインのパラダイムを適用することで、さまざまなダイバーシティの次元のユーザーニーズに対応する。

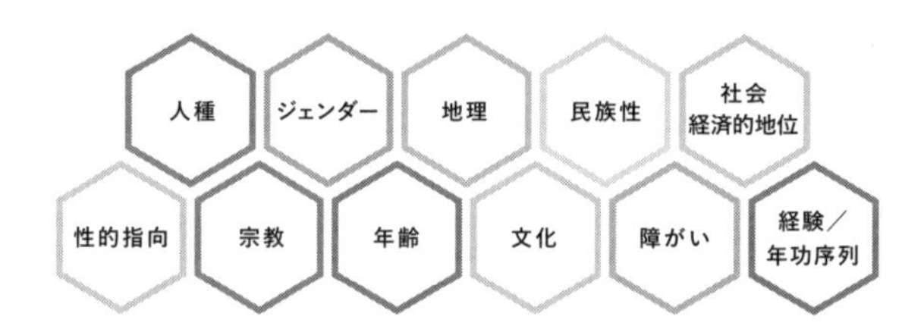

プロダクトをよりインクルーシブにするためには、プロダクト開発プロセスの重要なポイントで、多様性のある視点を取り入れることが必要です。以下に一般的な事例を紹介します。ベストプラクティスについてもっと知りたい方は、アクションプランサイトか、共通の問題をまとめたWeb上のチェックリストをご覧ください。

- 500人以上の見過ごされてきたコミュニティのドッグフーダーにはたらきかけ、インクルーシブ・ドッグフーディングを実施する。あなたもインクルーシブ・ドッグフーダーとして参加しよう。
- コントラストの確認、スクリーンリーダー用のlabel要素の提供など、障がい者のためのUXの質を向上させる。
- ML（機械学習）の公平性（フェアネス）について学び、トレーニングデータの無意識のバイアスを減らす。
- 多様なサンプルデータを使用し、インクルーシブリサーチに関する社内の専門家を見つけることで、公平なUXリサーチを実施する。

Googleでは、Googleアシスタント、Apps、Docs、Arts & Cultureなどのプロダクトでインクルージョンを実践し、さまざまなチームが恩恵を受けています。

図4-1 ▸「Testing on the Toilet」チラシのサンプル

Learning on the Loo エピソード206

すべての人のためにつくる：インクルージョンを組み込もう

by アニー・ジャン＝バティスト（オフィス：サンフランシスコ）

Googleでは、「すべての人のためにつくる」についてよく話しますよね。アクセシビリティチームの素晴らしい取り組みや、プロダクトエクセレンスの取り組みを通して、ユーザーの多くが私たちとはまるで異なる外見、考え方、生活をしていることを、私たちは知っています。

ダイバーシティチームは、ユーザーのダイバーシティを反映したプロダクトを必ず提供できるように、Googleのいくつものチームと協力して、プロジェクトI²（Integrating Inclusion［インクルージョンを組み込もう］の略）に取り組んでいます。より良いプロダクトをつくり、ビジネスを成長させるために、インクルーシブなレンズを適用することでインクルージョンを組み込むよう、エグゼクティブやGooglerに影響を与えるのがプロジェクトI²の使命です。インクルージョンを組み込めば、大きな見返りがいくつもあります。

プロダクト開発にプロダクトインクルージョンを組み込めば、数多くの未開拓のユーザーに向けて、デザインをもっと使いやすく、プロダクトへのアクセシビリティをもっと高くできる。

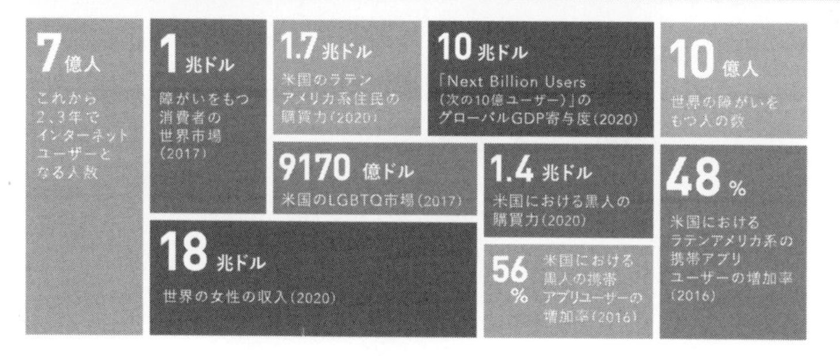

多様性のあるチームがより良いプロダクトを生みだすために、私たちはプロセスにインクルージョンをさらに組み込んでいきたいと考えています。ダイバーシティ・イニシアチブを効果的に進められれば、従業員の満足度も高まります。問題解決能力や創造性の向上と、ダイバーシティのもつ特性には明確に関係し合います。ターゲットのコミュニティを反映すれば、生産性、顧客満足度、収益の向上につながるというリサーチの結果もあります。
チームのプロセスをよりインクルーシブなものにしたいと思ったら、

- コアチームに経歴や考え方の面で多様性のある人材を登用しよう。
- ワークフローにインクルージョンを組み込むための具体的なアクションを掲げよう。
- デザイン思考／デザインスプリントを実施し、ビジネスやプロダクトにインクルージョンを組み込む方法を試してみよう。
- ドッグフーディングのためのテスターのダイバーシティを確保しよう。I²チームが支援します。

図4-2 ▸「Learning on the Loo」チラシのサンプル

CHAPTER

5

—

プロダクトインクルージョンを、仕事の指針を示す原則にする

「原則」とは、考えや行動の体系の基盤となる基本的な真実や仮定のことだ。たとえば、どんなコミュニティでも、そのメンバーは個人の幸福と充足感を追求しながら平和的に共存するための原則——すべての人に平等な正義を、正直が最善の策、自分がされたいように他人を扱うといったような——を共有している。

またどんな企業も、組織内の人々がどのように考え、どのように仕事をするかに影響を与える一定の原則がある。顧客の満足が企業の最優先事項、リスクが大きければ報酬も大きい、必要は発明の母、といったようなものだ。こうした原則が組織の方針、慣例、社是に反映されることもある。

原則は、組織やチーム、個人にとって目指すべき北極星のようなもので、どのように考え、行動すべきかについての不変の指針と、組織やチームが何をどのように行うかの裏にある根拠への見識をすべての人にもたらす。また原則は、仕事に意味を与え、人々に責任を課す手段としてはたらき、インスピレーションの源にもなる。

この章では、プロダクトインクルージョンの背景にある原則をいくつか取り上げ、独自のプロダクトインクルージョンの原則を策定する方法を提案し、また原則を行動に移すための指針を示す。

既存のプロダクトインクルージョンの原則をチェックする

組織、グループ、またはチームでプロダクトインクルージョンの原則を定義しようとするとき、一から始める必要はない。この分野で活躍している人たちが、すでにいくつものプロダクトインクルージョンの原則を考え出しているので、それを参考にすればよい。ここでは、いくつかのプロダクトインクルージョンの原則を紹介するので検討してみてほしい。

- **インクルージョンの可能性を引き出すために、疎外（エクスクルージョン）の種類に名前を付けよう。** 答えを見つけるためには質問が必要で、解決策を見つけるには問題が必要であるように、プロダクトをもっとインクルーシブにする機会を見いだすには、エクスクルージョンに名前を付けて認識することが必要だ。プロダクトをよりインクルーシブにする方法を模索する際には、そのプロダクトが現在どのように見過ごされてきたグループや個人を疎外しているかに注目しよう（これについては、キャット・ホームズが素晴らしい作品を著している〔『ミスマッチ』大野千鶴 訳、BNN、2019年〕）。
- **チームのダイバーシティがプロダクトのダイバーシティに反映される。** チームのレプリゼンテーションにダイバーシティがある場合や、外部から多様性のある視点を取り入れている場合には、チームメンバーに似ている消費者のニーズや好みをより敏感に反映させたプロダクトをつくる機会に恵まれる。
- **人は皆違う。** 私たちのニーズや好みは皆それぞれ違う。同じ人間同士、私たちにはすべての人が受け入れられ、歓迎され、仲間になったと感じられるようにする責任がある。
- **ニーズや好みは状況によって変化する。** ユーザーがプロダクトを使用する状況によって、その時点でのユーザーのニーズや好みは変わることがある。たとえば心臓病の患者の心拍数をモニターするためにデザインされたセンサーは、運動時の心拍数をモニターしたい人にとっても役立つ。
- **誰にでもバイアスはある。** バイアスは、より効率的に考えられるようにする精神的な近道となる一方で、細かい点を見落としたり、他の人のニーズに対する感受性が低くなったり、チャンスを見逃したりする原因にもなる。プロダクトデザインのプロセスに多くの視点を取り入れることで、バイアスの限界を克服することができる。

- **平等は必ずしも公平ではない。** プロダクトへのアクセスを増やしてより多くのユーザーの手に入るようにしても、より多くのユーザーがそのプロダクトを利用できるようになる、あるいは利用したいと考えるようになるわけではない。プロダクトを公平にするためには、歴史的に見過ごされてきたユーザーだけがもつニーズや好みに合わせて、プロダクトを修正するかデザインしなおす必要がある。
- **少数派のためにデザインすることは、多数派のためにもなる。** 見過ごされてきたユーザーのためにデザインされたプロダクトには、多数派のユーザーにとって便利で魅力的な機能が追加されていることが多い。たとえば、Ofcomが行った調査によると、英国でクローズドキャプション〔字幕機能の一種〕を利用している人は750万人いるが、そのうち聴覚障がい者は150万人に過ぎないという。クローズドキャプションは英語が第二言語の人の間で、セリフがすごく早口だったり訛っていたり、つぶやいていたり、背景の雑音があったりする番組を見るために普及した。また、オフィスや図書館といった音に気を遣う環境でビデオを見る際などにも人気だ[1]。
- **ダイバーシティは、学習とイノベーションを加速させ、拡大させる。** 組織は学習しないと停滞するものだが、ダイバーシティはイノベーションを進める話し合いにさまざまな視点をもたらして学習を加速し拡大させる。多様なバックグラウンドをもつ人々は、現状に異議を唱え、仮定を疑い、主流から外れたアイデアを提示する傾向が大きいからだ。
- **ダイバーシティ&インクルージョンはビジネスにも効力がある。** この事実はもはや秘密ではない。ダイバーシティ&インクルージョンは行うべき正しいことであるだけでなく、ビジネスの存続と成長に不可欠であることを、ビジネスやプロダクトのオーナーはよくわかっている。歴史的に見過ごされてきた人々の中にあるチャンスを活かそうとする組織は、その組織全体でプロダクトインクルージョンを考え、実践しなければならない。

[1] https://www.3playmedia.com/blog/who-uses-closed-captions-not-just-the-deaf-or-hard-of-hearing/

I&COにおけるプロダクトインクルージョンの原則

——レイ・イナモト、I&CO共同創業者

3年前に会社を設立したとき、時間をかけていくつかの考えを書き留め、それが私たちのMaxims（原則）となりました。プロダクトインクルージョンのテーマに関連したI&COの7つのMaximsをご紹介します。

1 **迷ったら、削る。**「シンプルに」と言うのは簡単ですが、それを実行するのは難しいものです。では、どうすればシンプルにできるのでしょうか？　迷ったときには、もっと足したいという誘惑が忍び寄ってくるものです。ですが、足すと複雑になってしまいます。その誘惑に耐えましょう。勇気と信念をもって削り、シンプルなものの美しさを徹底して追い求めましょう。

2 **“イエス”を提供せずに“ノー”はなし。**難しいことに挑戦するとき、「ノー」と言うのは最も無難な道です。楽だし、スムーズだし、もしかすると都合がいいかもしれません。けれども、そこで行き止まりです。何も新しいことは生まれません。できないと思ったときでも、「イエス」と言える方法を探りだし、実行しましょう。

3 **厳しく、やさしく。**向上には誠実さが必要です。誠実さには厳しさが必要です。厳しさとやさしさの間には微妙な、しかしはっきりとした違いがあります。厳しいとは、高い基準をもち、自分たち自身がそれを守り、互いに誠実であることです。それは、もっと良い仕事をし、お互いを良くしていこうという決意を意味しています。

4 **リスク取らずに変化なし。**私たちはたいてい、リスクを冒すことに不安を覚えます。リスクを避ける方向へ向かうのは当然のことです。けれども、不安のない心地よさは自己満足につながり、自己満足は停滞につながります。変化とはまるで逆です。リスクを取りたくないのであれば、残る方法はただひとつ、何もしないということです。そして何もしなければ、進歩はありません。それこそが、最大のリスクです。

5 **見えないことを探す。**真実やインサイトは、表に見えているものの下に潜んでいることもよくあります。頭で考えてもわからず、目にも見えず、線や数字の間に隠れているのです。見えないものを追求することで初めて、今まで明らかでなかったものを露わにしたり、存在しているはずの何かをつくりだすことができます。

6 **習慣は良質への道。** 何かが習慣になるには、たった21日しかかからないのだそうです。言い換えれば、たった21日で、妥協が習慣になるということです。習慣として求めるのは質か、妥協か？　選択すべき習慣はひとつしかありません。

7 **ロジックよりマジック。** 自分の仕事について考えてみましょう。どんな風に習慣化していますか？　誠実さをどう利用すれば、その仕事のレベルをもう1段引き上げられるでしょうか？　こうしたことを常に考えるべきです。

どんな組織でも、こうした原則を取り入れて実践することができます。プロダクトインクルージョンについては、課題の核心に迫る、ほかの人のアイデアをもとにする、見えないものを追求する（いつでも聞こえるとは限らない声を必ず仕事の中心にもってくる）、良い習慣を身につける、これらすべてが共鳴しあっています。

あなた自身のプロダクトインクルージョンの原則を明確にする

前段で紹介した既存のプロダクトインクルージョンの原則は、もちろんどれでも、全部でも自由に採用して構わないし、少なくともいくつかは取り入れることをお勧めしたい。ただ、あのリストが余すところなく網羅しているわけではない。業界や組織、つくるプロダクトとつくる人、プロダクトをつくって提供したい相手にとって、もっとふさわしい原則があるかもしれない。

次のような手順で、自身のアイデアのインスピレーションを探してみよう。

1 自分の組織やチームの分野、あるいはプロセスのポイントの中で、見過ごされてきた人たちの視点を意識して取り入れられていない部分を特定する。プロダクトチームのメンバー構成にはダイバーシティがあるだろうか？　独自の視点を持ったテスターに参加を仰いでいるだろうか？
　マーケティングチームは見過ごされてきたユーザーに対する認識を高めるために何をしているだろうか？　この作業は、「プロダクトのデザイン・開発プロセス全体のメンバー構成のダイバーシティを高めることで、プロダクトはよりインクルーシブになる」といった原則につながるかもしれない。

2 リーチしようとしているのはどんな層かを見極め、プロダクト、サービス、業界に関連してその層のユーザーに歴史的に何が起こってきたかを言葉にしてみる。たとえば、工具を製造するある企業が、女性が歴史的に見落とされてきている状況に気づいたとする。そこから、こういうプロダクトインクルージョンの原則が打ち出される。「人口の半分を排除することは、ビジネスにとって悪影響だ。私たちは、プロセス全体を通して、ジェンダーをまたいだダイバーシティを約束する」

3 プロダクトインクルージョンが人道的な面でいかに重要かを考えてみよう。たとえば、あなたの会社が水の濾過（ろか）装置を製造しているとしよう。そして、世界の人口の約11％はきれいな飲料水が手に入らないと知り、どうにかしたいと考えている。そこから、「生活必需品関連のプロダクトは、場所や社会経済的地位に関係なく、誰もが利用しやすく、手が届く価格で提供されるべきである」という原則が導かれるかもしれない。

プロダクトインクルージョンの意思決定やアクションを左右する原則を検討したり選択したりする際には、必ずはたらきかけたい相手のダイバーシティを反映した組織やチームでブレインストーミングを実施しよう。多様性のある視点がプロダクトインクルージョンの力になるように、そうしたブレインストーミングがこの先の組織を導いていく原則の策定を後押しする。

原則を実践に移す

原則は、組織内のすべての人の心にプロダクトインクルージョンの種を植えつける非常に有益なものだ。けれども、この原則を守ると心に決めさえすれば、必ずポジティブな変化が起こるというわけではない。歴史的に見過ごされてきたユーザーのためのプロダクトをつくるのだと強く意識したうえで、原則を行動に移す必要がある。

原則を行動に移すための方法については、本書を通してずっと説明しているが、特にこの章では取り組みの構築に役立つフレームワークを紹介したい。

› 3つのP／ピープル、プロセス、プロダクト

プロダクトインクルージョンの原則を行動へと変容させ、ポジティブな変化を手にするためには、People、Process、Productを発展させ、実行することが不可欠になる。私自身が、クライアントとの会話の中でプロダクトデザインにおけるダイバーシティ&インクルージョンに関する話題を広げたり、原則から行動への移行を促したりするために使っていた最初のフレームワークのひとつが「3つのP」だ（次ページのコラムも参照）。

- **People**（人）　ユーザーと、プロダクトの考案、デザイン、開発、テスト、マーケティングに携わる人々のこと。プロダクトインクルージョンの原則を実践に移すために、組織はすべての人々のニーズに注目しつつ、組織内のダイバーシティを構築し、なおかつ見過ごされてきたユーザーのニーズや好みに対しては全員が認識したうえで敏感であるように努めなければならない。また、組織に多様な経験や視点をもつ人々が活躍できるカルチャーがなければ、せっかくダイバーシティに富んだ視点があっても十分に活用できない。安心して考えを共有できる環境でなければ人々は尻込みするし、そうした人たちの視点が欠けてしまうと当然イノベーションは抑制される。その結果、多様性のある視点によって得られるメリットを手にすることができなくなってしまう。
- **Process**（工程や手順）　人＋プロセス＝プロダクトである。そのため、プロダクトのデザイン・開発プロセスは、プロダクトインクルージョンが組み込めるフレームワーク内で実施しなければならない。たとえば、プロダクトデザインのプロセス内でデザインスプリントを行うことで、組織全体や社外から幅広い視点を取り入れ、さまざまなユーザーがプロダクトをど

のように受け入れ、向き合うかを考察することもできるだろう。また、各プロセスは、多様性のある視点の価値を認める土台があることも必要だ。

- **Product**（**製品やサービス**）　プロダクトは、人がプロセスを実行した結果であるだけでなく、そのクリエイティブなプロセスを推進させる最終目標でもある。その目標を達成するにあたって、重要な鍵のひとつとなるのが、プロダクトをできる限りインクルーシブなものにすることだ。

このプロダクトインクルージョンのフレームワークは、ビジネスの世界で一般的に使われている「3つのP」のフレームワークの活用を、私たちの仲間で、メンターで、同僚で、当時ダイバーシティ&インクルージョンチームのメンバーでもあったローレン・トーマス・ユーイングが勧めてくれた結果（次のコラムを参照）導入されたものであり、私たちがプロダクトインクルージョンを考えるうえで欠かせないものになっている。

3つのPは、シンプルでわかりやすくキャッチーなうえ、リーダーやプロダクトチームに取り組んでほしいことがすべて網羅された有用なフレームワークだ。他の人にはたらきかけようとするとき、特にその概念になじみのない人々に語りかけるときには、こうした概念のフレームワークを準備し、それを相手の心に残るようなかたちで伝える方法があればとても効果がある。さらに、このフレームワークは、ダイバーシティ、エクイティ、インクルージョンが、単なる理念でも良いことをしたいという願望でもなく、その原則をアクションへと移すこと——インクルーシブプロダクトの開発に不可欠な人やプロセスを適切に配置すること——こそ重要だと伝えるのにも役立つ。

3つのPのアプローチでプロダクトインクルージョンを組織に導入する

——ローレン・トーマス・ユーイング
（Alphabet社HRストラテジー・コンサルタント兼プログラム・マネージャー）

People、Process、Productは、私がビジネスプロセスのデザインや組織管理の見直しを行ってきた経験から導き出されたもので、ビジネス上の目的が実現されるとき、その達成のためにいかに数多くの要素が調和しながら作用する必要があるかを全体的に示そうというものです。これを取り入れると、取り組もうとしている課題や、管理しようとしている変革について体系的に考えざるを得なくなります。

プロダクトそのもののデザインだけに注目してプロダクトインクルージョンに取り組もうとすると、プロダクトの案を出して構築する人たち、プロダクトを使う見込みの人たち、プロダクトのアイデア出しからデザイン、開発、テスト、発売や更新までの道のり、さらにはその道のりに影響する重要なイベントや意思決定のポイント、意思決定者などについての検討が不十分になってしまうかもしれません。一方で、そうした要素を逐一検討していけば、バイアスが入り込んだり、期待する成果を阻害したりする死角や裏口を見つけて取り除くことができます。

チームメンバーの理解不足のため、あるいはユーザーリサーチの手法がしっかりしていないせいでユーザーに対する理解が不足すると、つくるべきプロダクトの選択やマーケティングの方法にまで悪影響が及びます。インクルーシブな視点と意思決定の重要性が明確になっていないプロセスでは、潜在的な落とし穴を早期に発見できる人が過小評価され、エンドユーザーの心に響く機能をプロダクトに盛り込む機会を逃してしまうかもしれません。そしてどんなに美しくデザインされたプロダクトであっても、誰のためにつくられるのかと、誰によってつくられるのかとの間に一致や関連性がなければ、そのプロダクトはいとも簡単に失敗してしまうのです。

3つのPは簡単に覚えられるフレームワークであり、人々に参加を呼びかけるプロセスを円滑なものにしてくれます。3つあるPは、それぞれ椅子の脚のようなものだと思ってください。ぐらついたり倒れてしまったりせず、安定性を保っているためには、3つ揃っていることが必要なのです。3つのPは切り離すことができず、お互いに補強しあい、強化しあっています。私は、人に非常に重点をおくチームをいくつか見てきましたが、そうしたチームでは、プロセス（準備されたシステム）が実行可能なもの、かつ視点を共有できるようにあらゆる人を前向きに受け入れるものである必要があります。逆に、優れたプロダクトをつくることに焦点を置いていても、多様性のあるバックグラウンドを持つ人が議論の場に参加していなければ、重要なインサイトが見落とされ、望むような効果や収益を達成できないことがあります。

Pひとつから始めてそこから順に発展させることは、可能でしょうが、理想的とは言えません。ぜひ3つのPすべてを発展させ、開発プロセスのできるだけ早い段階で実施してください。

AIに関わるリーダーはインクルージョンを優先する

――ジョン・C・ヘブンズ
（作家、IEEE Global Initiative on Ethics of Autonomous & Intelligent Systems エグゼクティブディレクター）

多くの企業の間では、公正でインクルーシブなAI（人工知能）とはどのようなものかについてはじっくりと熟考する必要があるという見方がまとまりつつあります。業界を問わず機械学習やAIの重要性が増すなかで、先を見越して具体的な原則やガイドラインをもっておくことも大切でしょう。また人間中心（ヒューマンセンタード）デザイン（ユーザーとその人間性をプロセスの全ステップの中心に据えるデザイン）やヒューマン・コンピュータ・インタラクション（HCI、人間とコンピュータとの相互作用）について考えてみれば、テクノロジーを利用する場が急激に増加していることがわかります。こうした状況で、一般的には考慮されないユーザーに意識的に焦点を置いたうえで共感すること、そして人間を中心に据えることを私たちが忘れてしまったら、そうしたユーザーはテクノロジーの潜在的なバイアスの影響を受ける可能性が高くなります。

拙著『Heartificial Intelligence : Embracing Our Humanity to Maximize Machines〔心のあるAI：機械の能力を最大化するために人間性を受け入れよう〕』〔未訳〕で述べたように、人間中心デザインやHCIといった分野は、ウェルビーイングを向上させ、人間の価値を尊重しながらも機械が人間に役立つことを可能にするものです。

人類と地球が確実に存続し繁栄し続けるためには、そうしたテクノロジーを活用して協調するしかない時代に私たちは生きています。そうした未来を実現するためのビジネスケースをもたらすのが人間中心デザインです。そうでなければ、誰のために、あるいは何のためにデザインをするのでしょう? もっと具体的に言うなら、エンドユーザーの価値観をより深く理解すれば、その人の文化的、個人的バックグラウンドに沿ったプロダクトやサービスをつくりだすことができ、より大きな市場や社会的な適合性がもたらされます。

つまり、人間中心デザインは、ビジネス上の価値だけでなく、社会的な価値も含めて考えることが不可欠だと私は考えます。まずAIの管理や運営においては、スマートシティや、インクルーシブな参加型のデザインの一般原則の観点から、人間中心デザインを重視すべきです。また人権や生態系の持続可能性の観点に立ってみても、人間中心デザインは極めて重要な手法であり、ブランドの信頼性を長期にわたってもたらしつつも、私たちが素晴らしいテクノロジーをこの先何年も享受できるようにしてくれます。

プロダクトインクルージョンの目標を達成するために最も重要なのが、誰のためにつくっているのか、またどのようにプロダクトやサービスをつくっていくのかを明確に示す原則をもっておくことだ。本書のイントロダクションでも引用したジョー・ガースタントが言うように、「意図的に、じっくりと、積極的に包摂(インクルード)しなければ、無意識に排除(エクスクルード)してしまう」ことを常に頭においておこう。原則は、思考、決定、アクションを確実に意図的かつ計画的にする手段であり、「すべての人ために、すべての人でつくる」という共通目標に関係者全員を立ち戻らせるのにも一役買う。

CHAPTER

6

—

プロダクトインクルージョンを仕事に組み込む

組織に新たな取り組みを導入するのは大変なことで、プロダクトインクルージョンもその例外ではない。ただし、組織内の人たちに、プロダクトインクルージョンとは正しい行為であり、なおかつビジネスのためにもなるものだと納得させることができたなら、もう半分以上成功したも同然だ。けれども、考え方やカルチャーを変えることは、ときにインクルーシブなプロダクトのデザインやマーケティングの実施に向けて必要なステップを踏んでいくこと以上に難しい。

ただ、そこに指針となるフレームワークがあれば、導入時の課題は間違いなく克服しやすくなる。本章では、Googleの全チームでプロダクトインクルージョンの組み込みを促進するために活用している、3つのプロダクトインクルージョンのフレームワークを紹介したい。

- **OKR**(**Objectives and Key Results、目標と主要成果**)は、チームが設定した目標や目的地――プロダクトインクルージョンの観点から何を達成したいのか――と、その目標をどうやって、いつ達成するのかを定義する。
- **タッチポイント**は、プロセスのどのステージにインクルーシブ・レンズを適用すれば利点があるかを特定する。
- **プロダクトインクルージョン・チェックリスト**は、選択した目的地への地図の役割を果たし、チームが現在地からOKRで定義された目的地へ進むためには何をすべきかを詳細に示す。

これら3つのフレームワークを用いれば、組織や個々のチームがプロダクトインクルージョンを仕事に組み込むプロセスをスムーズに導くことができる。

OKRでチームに責任を負わせる

OKR（Objectives and Key Results、目標と主要成果）はビジネスの目的と成果を定義し、経過を追うために広く採用されているフレームワークであり、それぞれに次のように定義される。

- **Objective**（**目標**）とは、達成したいことを記憶に残るかたちで定性的に説明したもの。
- **Key Result**（**主要成果**）は、決まったObjective達成への進捗状況の定量的な指標のこと。

このフレームワークを開発したのは、インテルの元CEOアンドリュー・S・グローブだ。彼はOKRのアプローチをインテルに導入し、それを著書『High Output Management』（小林 薫 訳、日経BP、2017）に記録している。そしてそのインテルでキャリアをスタートさせてGoogleやアマゾンなどへの投資を進め、大成功を収めたベンチャーキャピタリストで、『Measure What Matters　伝説のベンチャー投資家がGoogleに教えた成功手法　OKR』（土方奈美 訳、日本経済新聞出版、2018）の著者であるジョン・ドーアが、GoogleにOKRを導入した。現在は、Googleの組織全体でこのフレームワークが使われている。

ドーアは、目標設定のために次のような公式をつくった。

私は、［**目標**］を［**主要成果**］によって測定します。

この公式の最初の空欄には目標（何を達成したいのか）を、2番目の空欄には一連の主要成果（どのように目標を達成するか）を記入する。

OKRには重要な目的がふたつある。

- チームに具体的な目標を設定させる。
- チームに、設定した目標を期限内に達成する責任を負わせる。

組織が全体を包括するOKRをもち、組織内の各チームは担当業務に関連したOKRをもっているのが理想的だ。また、すべてのチームのOKRは、組織のミッションとの整合性を確保するために、組織全体のOKRを支援している必要がある。Googleでは、私たちプロダクトインクルージョンチームが組織全体のインクルージョンのOKRを設定している。また、Google全体の全チーム、特にプロダクトチームとマーケティングチームに対し、プロダクトインクルージョンのOKRの策定を勧め、促進する役割も担っている。

OKRはプロダクトインクルージョンに絶対に欠かせない要件ではない。ただ、どんな組織も目標を設定し、進捗状況を測り、チームに責任を果たさせるために、何らかのフレームワークをもっておくべきだ。そのためにはぜひOKRを導入してほしい。

Objective（目標）の設定

OKRを策定する際には、まず目標（何を達成したいのか）を定義することから始めよう。いくつか例を挙げる。

- 2020年までにナイジェリアでプロダクトを展開し、86%以上のCSAT（顧客満足度）評価を得る。
- 視覚障がいをもつユーザーのための機能性向上を図る。
- 広告に多様性のあるレプリゼンテーション（表現）を増やす。
- あらゆる体型の人が着られる服をデザインする。

目標の設定は、幅広くても狭く集中的でも構わない。最初の例のように期限を入れると、目標の幅は狭く定義され、責任を強化するのに役立つだろう。なお、定量的な測定方法は主要成果を特定していくときに確立されるものなので（次の項で取り上げる）、そこまで先延ばしするという選択肢もある。

また、幅広い目標から始めて、それを細かい目的に分割してもいい。たとえば、「広告に多様性のあるレプリゼンテーション（表現）を増やす」というのはとても幅広い目標だ。これを、次のような狭い範囲で定義された目的へと分割することができる。

- ダイバーシティ、エクイティ&インクルージョン（DE&I）諮問委員会を設置する。
- DE&Iの観点から現在の広告を評価する。
- DE&Iへのコミットメントを伝える広告を制作する。

OKRをつくる際には、ある程度柔軟性をもって進めるといい。OKRの策定は、科学的というよりも経験によるコツに基づくことが多いものだ。非常に狭義で具体的なOKRを設定するチームもあれば、幅の広いビジョンに満ちたOKRを設定しているチームもある。また、1年単位のOKRもあれば、四半期ごとのOKRも、その両方を行うチームもある。自分や組織内の各チームにとってはどうすれば効果があるか、試行錯誤する必要があるだろう。

Key Result（主要成果）の定義とスコアリング

主要成果は、目標をどのように達成するか、また目標が達成されたことをどうやってチームが把握するかを示す。主要成果を定義する際には、日付、数量、頻度などの定量的な指標に着目する。いくつかの例を以下に示す。

- 第1四半期の初めにナイジェリアで信頼度の高い調査を開始する。
- 第2四半期末までに、ラゴスで100人の潜在的なユーザーとプロトタイプとなる店舗をテストする。
- 第4四半期末までに、ナイジェリアを拠点に実店舗を立ち上げる。

主要成果は、具体的かつ測定可能でなければならない。つまり、指定された期日に主要成果を見れば、「これを達成できたか？」という質問に対して、「はい」か「いいえ」で答えられるものにする必要がある。

主要成果の焦点は最終結果だが、その日を待たずにOKRを確認しても構わない。途中でOKRを「スコアリング（採点）」し、その時点での進捗状況を把握することができる。スケジュールや期限に応じて、月ごと、四半期ごと、あるいはもっと長い期間でスコアリングしてもいい。たとえば、1年間のOKRであれば、四半期ごとにスコアリングするといいだろう。四半期ごとのOKRなら、月ごとのスコアリングだ。OKRのスコアリングは、次のような手順で進める。

- チームの業務内容がすべてOKRに沿っていることを確認するために、チームの現時点での取り組みを評価する。
- 主要成果に向けての進捗状況を評価する。3分の1あたりだろうか？　半分？　それともまだ考え始めてもいない？
- 達成できていない主要成果がある場合は、その理由を探り、必要に応じて調整する。

チームがプロダクトインクルージョンの目標を達成しているかどうかを確認するために、追跡するべきプロダクトインクルージョンの指標については、第11章を参照してほしい。

› OKRの修正

OKRは、いったん決めるともう変えられない不動の決定事項ではない。OKRとは、仕事をモニターして管理し、活動とリソースの整合性を確保して最大の成果を得るためのツールだ。多少野心的な内容にしたり、新しい責任やタスクに対応したりするために調整する必要があるかもしれない。とはいえ、観測期間中にOKRをそうそう頻繁に変更するべきでもない。たとえば、四半期ごとに設定されているOKRを毎週変更したり、OKRを設定した後に、チームが達成できた成果に合わせてOKRを修正したりするのは避けるべきだ。

OKRは挑戦的なものであるべきだが、まるで達成できないのも良くない。OKRが簡単に100％達成できるときは、より高い目標の設定を検討しよう。逆に5％しか達成できていない場合は、期間を延長するか、より狭い範囲のOKRに分割することを検討する。OKRがあまりにも現実離れしているとチームの士気を下げてしまう。大きな夢に向けて挑戦しつつ、達成感によってやる気を起こさせ、努力に報いるようにしたい。

チームで既に策定したOKRの範囲外で新たなチャンスや責任が発生した場合、それを追いたくなる性急な衝動はやり過ごすこと。新しいアイデアやチャンスに惹きつけられてチームを軌道から反らしてしまう可能性がある。いつ、どのようにして新しいチャンスや責任を従来の業務に組み入れるかは、チームで議論して決定する必要がある。つまり、チームあるいはチームリーダーは、業務に優先順位をつけ、状況に応じてOKRを調整しなければならない。

これは、プロダクトインクルージョン・イニシアチブにも当てはまる注意点だ。プロダクトインクルージョンは、ほかの新しいアイデアと同じように人々をとても興奮させ、すぐにでも実行したい気持ちを高めるが、落ち着いて、既に抱えている仕事の状況を踏まえたうえで検討しよう。今すぐ必要で、かつ実現可能なものなのか？　追い求める価値はあるのだろうか？　こうした議論には、インクルージョン・チャンピオン（旗振り役。多様性のあるコミュニティに属する従業員をボランティアで募る）の参加を仰ぐとよいだろう。また、リーチしようとしている消費者にあたる人々の話を聞かずに優先順位を付けるのは難しいし、なんらかのバイアスがあれば誤った選択をしかねない。見過ごされてきたユーザーの助言を得ることで、新しいプロダクトインクルージョン・イニシアチブの重要性と価値を実際的に評価することができる。

主要なタッチポイントにおける
プロダクトインクルージョンの組み込み

プロダクトインクルージョンを業務に取り入れるにあたって、最初のステップになるのが、プロダクトインクルージョンのタッチポイント——プロダクトのデザイン・開発プロセスにおいて、インクルーシブな考え方や実践がプラスの効果をもたらすステージやステップ——を特定してその箇所で変化を起こしていくことだ。

Googleはテクノロジー企業だ。私たちプロダクトインクルージョンチームは、さまざまなプロダクトチームと協力して取り組みを進め、4つの重要なタッチポイントを特定した。これはGoogleの「標準的な」プロダクトデザイン・開発プロセスの4つのフェーズと一致している。

- アイデア出し
- ユーザーエクスペリエンス(UX)リサーチとデザイン
- ユーザーテスト
- マーケティング

これらの4つのフェーズの間にはほかにもタッチポイントが存在する。けれども、結局はこれらがGoogleのプロダクトインクルージョンチームが常に立ち返るプロセスの4つのフェーズであり、同時にプロダクトチームがインクルーシブ・レンズを適用しなければならない4つのポイントでもある。ただ、従事している仕事の性質や、どんなプロダクトやサービスをつくっているかによってこのタッチポイントは大きく異なる。

ここでは、プロダクトインクルージョンのタッチポイントを見極めるための指針と、各タッチポイントでインクルーシブ・レンズを適用する方法を紹介する。あわせて、プロダクトのデザイン・開発プロセス全体を通してインクルージョンを取り込む重要性もぜひ伝えたい。

› プロダクトインクルージョンのタッチポイントを見定める

プロダクトインクルージョンのタッチポイントを見定めるため、プロダクトやサービスを最終的に消費する顧客や人々にそのプロダクトやサービスを創造し、示し、届けるにあたって実行される組織内のプロセスを、ひとつ残らずすべて綿密に確認しよう。そしてプロセスの中で、消費者からのフィードバックが役立ちそうなポイントを考えてみよう。そうしたポイントは、現在、顧客からのフィードバックを検討してはいるものの、歴史的に見過ごされてきたコミュニティからのフィードバックは検討できていないポイントかもしれない。

テクノロジー企業であれば、ほとんどの場合はGoogleで使用しているフレームワーク(アイデア出し、UXリサーチとデザイン、ユーザーテスト、マーケティング)からスタートできる。ファッション業界のビジネスなら、アイデア出し、デザイン、マーケティングという同様のフレームワークに、サンプル制作や編集作業などを加えればいいかもしれない。ただ、まるで異なるプロセスをもつために、プロダクトインクルージョンのタッチポイントも大きく異なる企業だってある。いくつかの例を挙げてみよう。

- 実店舗をもつ小売業者は、店舗のデザインやレイアウト、立地、販売商品の選択に関わる人材やプロセス、スタッフ配置やトレーニング、商品のディスプレイや広告、障がいのある顧客のためのアクセシビリティなどを考慮する必要がある。
- 医療機関は、立地、ダイバーシティの確保を目指した雇用、言葉の壁、受付スタッフや医師、看護師向けの異文化トレーニング、従来は見過ごされてきたコミュニティの患者に対する診断およびインクルーシブな治療オプションなどを考慮する必要がある。
- 製薬会社は、見過ごされてきたグループについての研究や調査を拡大し、研究者のダイバーシティを高め、サービスを十分に提供されていないコミュニティを見つけ、集団の違いから生じる薬物への反応や副作用の違いは医師に知らせるといった対応方法についても検討する必要がある。
- エンターテインメント企業は、制作する番組の決定から、プロデュース、監督、脚本、キャスティング、撮影、サウンドトラックの選曲など、制作プロセスのあらゆる場面で、複数のダイバーシティの次元からの採用を検討する必要がある。

› 各タッチポイントでのインクルーシブ・アクションの具体化

プロセスやビジネスをタッチポイントへと分解した後、各タッチポイントで実行されるアクションを具体化する。つまり、誰が、何を、どのようにして、プロセスをよりインクルーシブにするのかを、各タッチポイントにおいて検討する。次に挙げるのは、Googleのプロダクトチームでのプロダクトインクルージョンの、タッチポイントごとのアクションの事例だ。各タッチポイントでのアクションは、タッチポイントやプロセスによって異なることに注意が必要だ。

アイデア出し　アイデア出しのフェーズでは、多様性のある参加者を集め、ターゲットユーザーの定義やプロダクトのユースケースを考え、それを意図的に広げていくことが最も重要だ。たとえば、母親向けのプロダクトをつくろうとするなら、最近では誰が主なケアラー（世話役）になるのかを今一度考えてみよう。母親だけでなく、父親や、もしかしたら祖父母かもしれない。両親が同性の家庭もある。ターゲットユーザーの定義は、母親から両親、さらにケアラーへと変わるかもしれないし、そのケアラーも人種、民族、ジェンダー、年齢など、さまざまなダイバーシティの次元の面をもつ可能性がある。

「ほかに誰がいる？」と問いかけることで、ターゲットユーザーの幅を広げ、さらに多くの視点を取り入れ、よりインクルーシブになれる。

プロダクトインクルージョンをアイデア出しのフェーズで取り入れ、市場を拡大するためにできる具体的なアクションをいくつか紹介する。

- 歴史的に見過ごされてきたグループの幅広い人々を研究チームに加える。
- 歴史的に見過ごされてきたコミュニティの人々と話をして、既存のプロダクト、サービス、ブランドについてどのように考えているかを調べる。
- 歴史的に見過ごされてきたコミュニティのメンバーとのフォーカスグループを実施し、考慮すべき独自のニーズや好みを見つける。
- SNS、オンライン調査、多様性のある人々が集まる公の場での調査などを活用し、リサーチ範囲を拡大する。
- マーケティングや人事部門など、自分たちとは違うチームの人を参加させる。
- インクルージョン・チャンピオン（旗振り役）（従業員、従業員の家族や友人、既存の顧客）をアイデア出しのプロセスに参加させる。

UXリサーチとデザイン　UXリサーチとデザインのフェーズでは、リサーチの目的が変わり、歴史的に見過ごされてきた消費者とそのニーズや好みの見極め自体から、そこで見つかった違いがプロダクトデザインの特徴や機能にどう影響してくるかの判断へと移る。この段階で、モックアップやプロトタイプを作成し、ターゲット層の消費者に試してもらうといい。

UXリサーチとデザインをよりインクルーシブにするための提案をいくつか挙げる。

- プロダクトインクルージョンのデザインスプリントを実施する（詳細は第8章を参照）。
- プロダクトチームにライトニングトーク（短時間の発表）を行い、インクルーシブ・レンズを適用してつくるというアイデアがスムーズに受け入れられるようにする（詳細は第8章を参照）。

- モックアップやプロトタイプを作成し、リーチしようとしている見過ごされてきたコミュニティのメンバーからのフィードバックを求める。
- デザインやプロトタイプについて、インクルージョン・チャンピオンや既存顧客からフィードバックを得る（詳細は第9章を参照）。

ユーザーテスト　ユーザーテストは、デザインチームが自分たちのアイデアが多様性のある人々に実際にはどのように受け入れられるかを確認するまたとない機会だ。ユーザーテストでは、多数派と少数派の両方の消費者がプロダクトを試用し、デザインの問題点や見落とし（何が足りないか）を見定める。場合によっては、試験者がプロダクトを壊し、その欠陥や限界を明らかにすることもある。たとえテスト自体からは大きな気づきがなかったとしても、そこでの多様性のある視点がイノベーションやチャンスにつながることは少なくない。

ここでは、ユーザーテストをよりインクルーシブにするためのアイデアをいくつか紹介する。

- 多様性のあるインクルージョン・チャンピオンのグループと、プロダクトを内部でテストする（詳細は第9章を参照）。
- UserTestingなどのオンラインサービスを利用して、多様性のあるユーザーグループを集めリモートテストを実施する（詳細は第9章を参照）。
- より多様性のあるグループからのフィードバックを集めるため、さまざまなショッピングモールや来場者の多いイベントでのテスト実施を検討する。
- 歴史的に見過ごされてきたコミュニティの人々にオンラインで登録してもらい、プロダクトテストの登録メンバーのダイバーシティを確保する。

マーケティング　マーケティングとは、プロダクトによって人々の生活のいずれかの側面がどのように向上するかを示すことだ。これは、できるだけ多くの人々に共感してもらえるようなストーリーを語ることでもある。たったひとつの広告、コマーシャル、マーケティング・キャンペーンでダイバーシティを反映させるのはとても無理だが、よりインクルーシブなストーリーやイメージを表現していくことで、ブランドやプロダクトライン全体でダイバーシティを反映させることができる。

グローバル化、人口動態の変化、歴史的に見過ごされてきたグループの購買力向上など、消費者のダイバーシティが増すにつれ、多様性のある消費者と関わりをもってそのストーリーを伝える重要性は、プロダクトやサービスの成功にとってますます高まる。また実際のストーリーは、まさに本物だと伝わるがゆえに得られる共感も大きい。

マーケティング活動をもっとインクルーシブなものにするために、以下の案を検討してみてほしい。

- さまざまなバックグラウンドをもつ人を採用する。あなたを取り巻く世界を反映した採用をしよう。
- 実際の使用者にプロダクト使用についてのストーリーを語ってもらう。ストーリーテリングのプロセスに消費者を参加させることは、マーケティングにおけるダイバーシティ、エクイティ、インクルージョンを向上させるうえで費用対効果の高い方法だ。
- 新しいマーケティング・キャンペーンや販促資料についての会議にインクルージョン・チャンピオンを招待する。
- マーケティング・キャンペーンや販促資料を内部のインクルージョン・チャンピオンにレビューしてもらう（詳細は第10章を参照）。
- マーケティング用コンテンツの作成時には、ターゲットとなる視聴者の観点から、キャスティングだけでなく以下についても考慮する：
  - CMの監督や撮影、写真撮影、Webサイトの制作をしているのは誰？
  - ストーリーをつくり、コピーや台本を書いているのは誰？
  - ナレーションをしているのは誰？

＞ インクルーシブ・レンズをプロセス全体に適用する

私は物心ついた頃から、フィールドホッケー、バスケットボール、ダンス、陸上競技などのスポーツをしてきた。そんな私にとって、プロダクトインクルージョンはまるで４人１チームで１人100mずつ計400mを走る「4×100mリレー」のように思える。勝てるタイムでゴールするためには、チームの各選手がそれぞれのレースで良いパフォーマンスを発揮する必要がある。調子の悪いランナーが1人でもいると、チーム全体の成績に悪影響が出る。

プロダクトインクルージョンも同じだ。主要なタッチポイントが4つある場合、インクルーシブなプロダクトと顧客体験を確実なものにするためには、全タッチポイントを担当するチームがインクルーシブ・レンズを適用して業務に取り組まなければならない。

どのタッチポイントも重要であることは変わりないが、なかでも特に、力強くスタートすることの重要性を強調したい。それに続くプロセスが容易になるだけでなく、後続チームに良いパフォーマンスを促すこともできるからだ。私はプロダクトチームに、「出発点（スターティングブロック）からすぐさま」強力なスタートを切ることを勧めている（スターティングブロックとは、リレーの第1走者がスタートの合図とともに蹴って飛び出すための器具）。

陸上部のコーチだったリチャード・バックナーのとあるアドバイスが、ずっと私の頭を離れない。「アン」と声をかけられ、コーチはこう言った。「レースを制するのは、走者のなかで最後にスターティングブロックに足を掛ける人だ」。びっくりしてしまったが、その言葉が正しいことに気がついた。どのチームメイトがレースの第1区間を走るときも、必要のないストレッチをしたり、（少人数の）観客の中にいる知らない人に手を振ってみせたり、ブロックのセットに時間をかけたりしていた。そうして自信たっぷりに、力強くブロックを蹴り出していく。彼らはそのプロセスを焦らずに過ごしていたし、事前準備がより大きな成功につながると知っていたのだ。

プロダクトインクルージョンも同じで、見過ごされてきた消費者に関する情報やインサイトを意図的に入念に、そして時間をかけて集めることが、好スタートを切るには欠かせない。そうすれば、自信とパワーを持ってスタートして勢いをつけることができ、プロセスの次の段階へとつながっていく。

もちろん、スタートダッシュがうまくいかなくても、レースに勝ったり、インクルーシブプロダクトをつくったりすることは可能だ。その後のタッチポイントで遅れを取り戻したり、エラーを修正したりできる。ただ、強力なスタートを切ったほうが、チームが力強くゴールできる可能性は高まる。プロダクトインクルージョンの場合、強力なスタートを切ることで、必要な時間、資金、その他のリソースを抑え、よりインクルーシブなプロダクトが生まれる傾向がある。

4×100mリレーの第4走者、「アンカー」だった私は、チームメイトがスターティングブロックから力強くスタートするのを見て、力強くゴールするためのエネルギーを得た。なんとかして遅れを取り戻さなければ、というプレッシャーもなかった。それだけで、自分たちのチームのために、見事にゴールテープを切る姿を想像することができたのだ。同様に、プロダクトのインクルージョンでも、アイデア出しのフェーズでしっかりとスタートを切れば、プロセス全体を通してむらのないインクルージョンの流れができあがり、場当たり的な対応、改造、あるいは最後になって根本的に欠陥のあるプロダクトの修正に苦心するような状況に陥るのを防ぐことができる。

プロセスにインクルーシブ・レンズを適用するタイミングが早ければ早いほど（アイデア出しのフェーズなど）、プロダクトインクルージョンからより多くの価値が引き出せ、プロダクトと消費者の両方にとって理想的な結果になる。もし、最後の段階（マーケティングのフェーズ）まで放っておいたら、マーケティングでプロダクトのデザインに欠けているインクルージョンを補うことなどできないため、歴史的に見過ごされてきたグループの消費者の目からどう見ても明らかな断絶が生じてしまう。

プロダクトのデザイン・開発プロセスにおけるすべての主要なタッチポイントを焦点にすれば、チームはプロダクトインクルージョン・デザインを仕事の進め方に組み込むことができる。その結果、優先順位が変わったり、チームが何らかの理由でストレスを受けたりしても、（プロダクトインクルージョンのベストプラクティスに関して）チームが忘れたり、ヘマをしたりする頻度が減る。また、全員が説明責任を負うことになる。プロダクトインクルージョンがチームのDNAの一部となるのだ。

プロダクトインクルージョン・チェックリストで軌道修正する

プロダクトインクルージョンとは、単にボックスにチェックを入れていくような作業ではない。見過ごされてきたユーザーのためにプロダクトやサービスをつくるという心構えとカルチャーだ。ただ、デザイン・開発プロセスのさまざまな段階で、質問すべきことやタスクをまとめたチェックリストを用意しておけば、あなたも、あなたのチームも、重要なことを見落とさないようにできる。

リアーヌ・アイハラとローラ・アレンは、それぞれの組織でこの取り組みを率先して進め、わかりやすく実用性の高いプロダクトインクルージョン・チェックリストの初期バージョンを作成した。このチェックリストは、プロダクトのデザイン・開発プロセスの4つのフェーズに対応し、4つに区分されている。

- **フェーズⅠ：アイデア出し、仕様、デザイン**　カスタマージャーニー、プロダクト要件、初期リサーチ、プロダクトアーキテクチャ、ワークフロー、ワイヤーフレーム、デザイン調査、データモデル
- **フェーズⅡ：プロトタイプと評価**　モックアップ、プロトタイプ、リサーチ、コンテンツライティングとユーザーエクスペリエンス（UX）ライティング、ビジュアルデザイン、モーションデザイン、デザインイテレーション（繰り返し）、フレームワーク、バックエンドのシステムとサービス
- **フェーズⅢ：構築とテスト**　デザイン品質とその向上、フロントエンド開発、ビルド・テスト、リリース管理、品質保証（QA）
- **フェーズⅣ：マーケティング、評価、モニタリング**　マーケティング、アナリティクス、KPI（重要業績評価指標）、モニタリング、効果測定、フィードバック、リサーチ

また、これらのプロダクトデザイン・開発の各フェーズでは、プロダクトインクルージョンに関わる以下の4つの事項を考慮する必要がある。

- **プロダクト（何をつくろうとしているのか？）**　戦略、計画、要件、目標。
- **レプリゼンテーションとカルチャー**　レプリゼンテーションはつくるプロダクトの対象となる見過ごされてきたユーザーに、カルチャーはプロダクトに反映させる必要のある言語、心構え、信念に焦点を絞る。
- **アクセス**　地理的条件や収入など、外からユーザーに与えられる要因によるプロダクトやサービスの利用可能性。
- **アクセシビリティ**　ユーザーの身体、認識、知覚の能力にかかわらず、プロダクトが適切に使用できること。

このチェックリスト（詳細は次項で紹介）は、Google内に限って見ても、誰もが貢献し、カスタマイズし、共有できる生きたドキュメントだ。Googleの各チームは、このチェックリストをOKR実行のため、あるいは目標を定義し、進捗状況を測り、説明責任を果たすための独自のフレームワークを作成するためのツールとして使うことも多い。また、質問をするための土台や、必要なリソースを特定するためのツールとして使うこともできる。

› プロダクトインクルージョン・チェックリストを使う

このチェックリストは、チームがインクルーシブ・レンズを適用して、大規模な未開拓の顧客層にとって入手しやすいプロダクトをデザインし、つくるようにするのが主な目的だ。チェックリスト内からチームが今まさに注力している点に即したプロダクト開発のフェーズを見つけ、記載されたプロダクトインクルージョンに関する質問とアクションに沿って作業を進めていこう。

なお、プロダクトインクルージョンの各トピックにぶら下がっている質問とアクションは、Googleで開発しているプロダクト（デジタルプロダクト）を例にしている。どんなタイプのプロダクトにも応用できる幅広い項目もあるが、ユーザーインターフェイス（UI）を備え、高速インターネットなどの特定のインフラを必要とするデジタルプロダクト特有のものも多い。そのため、そのままでも使用できるチェックリストではあるものの、これを下敷きにして後述の「プロダクトインクルージョン・チェックリストの修正」で説明するように修正を加えることをお勧めしたい。

フェーズ1：アイデア出し、仕様、デザイン　最良の結果を得るためには、プロダクトのデザインプロセスのごく最初の部分にあたる、アイデア出し、仕様、デザインのフェーズでインクルージョンを検討する必要がある。

プロダクト

- 何が導入されるのか？
- どんなニーズに対応しているか？
- よりインクルーシブにするには、プロダクトのポリシーを変更する必要があるか？

レプリゼンテーション

- 誰のためのプロダクトか？
- これまで見落とされてきたかもしれないのはどんな人たちか？
- このプロダクトはどういった点でさまざまな社会やカルチャーを反映、対応できていないかもしれないのだろうか？
- 複数の言語をサポートする必要はあるか？
- ダイバーシティの次元と次元の交差を考慮する：年齢、能力、文化、教育／識字率、性自認、地理／立地、所得／社会経済的地位、言語、人種／民族、宗教的信念、性的指向、技術知識／スキル／快適さのレベル。
- 見過ごされてきた層のインクルージョン・チャンピオン（さまざまな消費者を代表する組織内のボランティア）からフィードバックを得る。

アクセス

- このプロダクトは一部の人々にとってどのように入手の可能性やアクセスが制限される可能性があるか？
- プロダクト、インフラの制限、ポリシーによってどのように一部の人々が排除される可能性があるか？

アクセシビリティ

- 「障害を持つアメリカ人法（ADA）」の要件およびガイドラインを考慮する。
- 単なる使いやすさ以上のことを考える。
- このプロダクトを使えない可能性があるのは誰か？
- チームのアクセシビリティ・チャンピオン（旗振り役）と一緒にデザインを検討する。

フェーズⅡ：プロトタイプと評価　プロダクトのプロトタイプを制作し、組織内でテストを開始する段階になると、チェックリストの質問項目は、コンセプトの実行または具現化の際に生じる問題や懸念に対処するものへと移る。

プロダクト

- プロトタイプには、フェーズⅠで提起されたすべての課題や懸念に対する解決策が盛り込まれているか？

- フェーズIで提起されたすべての問題や懸念がうまく解決されたかどうかを判断するために、プロダクトはどのようにテスト／評価されるか？
- プロダクトインクルージョンについて学習した内容をチームで共有し、さらにチームを超えて広く共有することを検討する。

レプリゼンテーション

- プロダクトや文書中の表現に、性別を特定する代名詞が使用されているか？　そうした代名詞の使用は必要か？　必要だとすれば、それはインクルーシブか？
- 複数の言語がサポートされているか？
- 人種的または民族的にインクルーシブな画像、グラフィック、アバターが使われているか？

アクセス

- プロダクト、インフラの制限、ポリシーによって、どのように一部の人が排除される可能性があるか？

アクセシビリティ

- 複数の入力方法（音声、キーボード、マウス、タッチスクリーン）があるか？
- テキスト、アイコン、フォーカスの背景に対するコントラストは十分か？
- 説明書などの文書はどれも簡単に読めて、理解できるか？
- 視覚障がいのあるユーザーがアクセス可能なインターフェイスか？　読み上げ機能を使って簡単に操作できるか？
- 色覚特性による見え方の確認ツールやシミュレーターを活用し、色のコントラストの問題を診断する。

フェーズ III：構築とテスト　プロダクトのデザイン・開発プロセスにおいて、各フェーズはどれも繰り返される（イテレーション）ものだが、中でも品質保証（QA）のためにプロダクトを微調整するビルド・テストのフェーズは、特に何度も繰り返して実施される。

プロダクト

- フェーズIでの課題や懸念事項は、プロダクトの構築とテストの計画にどのように反映されているか？
- このプロダクトはどのように受け入れられ、使用されることが予想される？（この質問は、チームがプロセスの初期段階で見過ごされてきたユーザーについて考えていなかった場合に、潜在的な機会を拡大するのに役立つ）

レプリゼンテーション

- テスト参加者にはダイバーシティ（ジェンダー、人種、民族、年齢、社会経済的地位、スキルなど）があるか？
- 自分たちの組織のダイバーシティ基準に合致する可能性のある集団を見落としていないか？

アクセス

- さまざまな場所（複数の国を含む）の人々が含まれているか？
- インターネットサービスの通信速度が遅いユーザーでも確実にアクセスできるようにするには、プロダクトにどのようなテストが必要か？
- 低所得者層も利用可能なバージョンのプロダクトを用意できるか？

アクセシビリティ

- 支援技術を必要とする人々（読み上げ機能、拡大、その他の入力・出力デバイスを使用する人など）がテストに含まれているか？
- 読み上げ機能を使用したことがない場合は、まず1時間、それを用いてプロダクトをテストしてみる。そうすれば、対処すべき問題が明らかになる。（他のアクセシビリティの考慮事項も見直す必要があることに注意する。ただ、この読み上げ機能のテストをしてみれば、それまでインクルーシブな取り組みに深く関わったことがなくても、なぜアクセシビリティを優先すべきかという基本的な点が理解できる。）

フェーズ Ⅳ：マーケティング、効果測定、モニタリング　可能であれば、段階的にユーザー数を増やしながらプロダクトをリリースする。そうすればさらなる繰り返し（イテレーション）ができ、またその間にマーケティング、評価、モニタリングを実施して、プロダクトの成果向上のためにデザインに修正を加えることができる。

プロダクト

- プロダクトの使用方法は、予測していた使用方法や期待とどの程度一致しているか？
- 予期せぬ使用方法や問題点はないか？
- インクルーシブであるというポリシーはプラスの効果をもたらしたか？
- 何か意図しない結果があったか？
- 追加のポリシー変更は必要か？

レプリゼンテーション

- 多様性のある顧客層（ジェンダー、人種、民族、年齢、スキルなど）を実際の顧客層に取り込み、反映させせられているか？

アクセス

- 言語のローカリゼーション機能はどのように使用されているか？
- 多様性のある顧客層は、地理的な位置や分布の面から見て、プロダクトの顧客層に含まれ、反映されているか？
- 技術的なアクセスやインフラの問題によって、プロダクトの受け入れや使用が制限されていないか？

アクセシビリティ

- アクセシビリティの検査は完了し、その要件は満たされているか？
- チームのアクセシビリティ・チャンピオンに相談したか？

プロダクトインクルージョン・チェックリストの修正

このチェックリストは、さまざまなチームが自分たちの業務に適したものへとカスタマイズし、繰り返し何度も見直されてきた。たとえば、Google Chromeチームのプロダクトマネージャーであるジョン・パレットは、プロダクトマネージャーにとって必要なのは、この作業がなぜ大切なのかをチームにアピールすることではなく、マーケットを拡大し、ユーザーの立場に立って正しい行為をするための明確なヒントをチームに与えることだと指摘した。そしてチェックリストに手を加えて、より実用的なものにした。ここでは、そのジョンのチェックリストの簡略版の一部を紹介したい。

フェーズ1：デザイン

一般的な事項

- 対象となる機能で導入される新しいUIはどのようなものか？
- 解決しようとしているのはどのような問題か？
- 対象プロジェクトは機械学習に依存しているか？　している場合、さまざまな年齢、人種、ジェンダー、場所などを考慮して多様性のあるトレーニング用データセットにしているか？
- 機能がバイアスに屈しないように、どのようなステップを踏む（たとえば、どのような指標を評価するか）？

ユーザー情報

- ターゲットユーザーは誰か？
- 誰を意図的に排除してしまっているか？　その理由は？
- 一般的に見過ごされてきたけれども、新機能で対応できる可能性のあるユーザーグループはどんな人たちか？

フェーズ2：プロトタイプと構築

言語と読みやすさ

- 複数言語をサポートしているか？
- 音声入力が必要か？　その場合、さまざまなアクセントに対応しているか？
- 理解しやすい言葉づかい（中学1年生程度かそれ以下）が使われているか？

ジェンダー、民族性、性的指向

- 性別を特定する代名詞が機能（またはマーケティング資料）に使用されているか？　使用している場合、ノンバイナリーな選択肢（「they」など）を準備しているか？　あるいは性別の指定を完全になくすことができるか？

- 特定の人種または民族性を示す画像、グラフィック、アバターが含まれているか？　含まれている場合、ダイバーシティに富んでいるか？
- 読み上げ機能を使用するユーザーにアバターや人物の画像を正確に説明するために、適切でインクルーシブな代替テキストを追加したか？

アクセシビリティ

- 背景に対して文字のコントラストは十分か？
- マウスを使う必要があるか？　キーボードだけで操作しても、視覚的に明確に認識できるフォーカスが示されているか？
- 色だけ、あるいは音だけで重要な情報を示すことのないようにしているか？（たとえばエラーを表示する際には、単に文字色を赤にするだけでなく、色を認識できない人でも利用しやすいようにエラーメッセージのテキストも表示するなど）
- 使用には視覚が必要？　それとも読み上げ機能を利用すれば視覚に頼らずに操作可能？
- すべてのボタンや画像に読み上げ機能用の適切なラベルがついている？

支払い方法

- 支払いが生じる場合、複数の通貨が選べるようになっているか？
- 支払いが生じる場合、3種類以上の主だったクレジットカードが選べるようになっているか？

プロダクトインクルージョン・チェックリストを変更する方法としては、質問事項、次に回答用の空欄、最後にヒントやリソースを並べた、以下のような表を作成するのも一案だ。

段階（フェーズ）	トピック	質問	回答	ヒント／リソース
I	レプリゼンテーション	50歳以上のユーザーに相談したか？		50歳以上のインクルージョン・チャンピオンを募集するために、ドッグフーディング担当者に連絡する。
II	アクセス	接続速度の遅いインターネットやWi-FiでWebサイトをテストしたか？		Googleアナリティクスで読み込み時間を確認する。
III	アクセシビリティ	アクセシビリティ調査支援ツールを使ってテストしたか？		IT部門では、テストに使用できる各種支援ツールを用意している。

組織やチームでプロダクトインクルージョン・チェックリストを作成する際には、ぜひともほかのメンバーと協力しあって、各チームの業務に最大の価値を与えるものをつくりあげてほしい。組織によって、またチームごとの業務の違いによっては、まったく異なるプロダクトインクルージョン・チェックリストができあがるかもしれない。

CHAPTER

7

見過ごされてきた ユーザーを知る

本書では一貫して、歴史的に見過ごされてきたユーザーに近づく、つまり「歩み寄る」[1]ことで、彼ら固有のニーズや好み、苦労、不満への共感と理解を――とりわけあなたの組織が市場に提供するプロダクトやサービスに関して――深めるように勧めている。

見過ごされてきたユーザーのためのプロダクトやサービスをデザインする目的でそうした人々に歩み寄る方法として、最も効果的なのは、彼らと共にプロダクトやサービスをつくることだ。プロダクトのデザイン・開発プロセスをよりインクルーシブなものにするには、次のような方法があるだろう。

- 組織全体、特にプロダクトチームのレプリゼンテーションを多様性のあるものにする。
- 組織内の、見過ごされてきたコミュニティに属する人からボランティアを募り、プロダクト開発時のデザインスプリントやテストに参加してもらう。
- 見過ごされてきたコミュニティの顧客や社外の人々(従業員の家族や友人を含むがこれに限らない)を集め、デザインスプリントやプロダクトテストに参加してもらう。

残念ながら、どんなに大規模で、たとえ多様性のある人材を擁する組織

[1]『黒い司法』ブライアン・スティーヴンソン 著、宮﨑真紀 訳、亜紀書房、2013年

であっても、実際の外の世界のダイバーシティを反映するには小さすぎる。だから、より多様性のある幅広いフィードバックを得るにはリサーチが必要になる。リサーチ手法としては、対面式のインタビュー、オンラインあるいは対面でのアンケート、フォーカスグループやパネルディスカッション、移動式調査チームなどを利用することが考えられるだろう。

どのリサーチ手法を選択するかは確かに重要だが、それをどのように実施するかも結果を左右する。誰かのためにデザインをするとき、その相手の地域、民族性、社会経済的地位、能力はさまざまであることを心に刻んでおこう。さらにはそうした区分に収まらないさまざまなバックグラウンドや能力もあるし、メンタルモデルや使用する状況も異なる。真の意味ですべての人に向けたプロダクトをつくるため、そのような状況を可能な限り理解するのは、リサーチを行いプロダクトをつくる私たちに課せられた義務だ。

本章では、見過ごされてきたユーザーをリサーチを通して知る方法を説明する。そうすることで、プロダクトチームはインサイトと共感を得て、より幅広い消費者層に向けたプロダクトやサービスをデザインできる。

見過ごされてきたユーザーの声を聞くという重要性

――レイ・イナモト、I&CO共同創業者

デザインをインクルーシブなものにするためには、まずプロセスから始める必要があると思います。そして、プロセスがインクルーシブであるためには、人々がインクルーシブでなければなりません。

そのために最も重要なのが、耳を傾けることです。見過ごされてきたコミュニティがなぜ見過ごされてきたかというと、特権をもつ人々が彼らの声を聞かないからです。権力をもつ人に本当に求められるのは、もっと注意深く耳を傾け、敬意を持って行動し、理解を行動に移すこと――そうしたことが実際に起こらなければなりません。特権のある人々が心から耳を傾けなければ始まらないのです。

インクルーシブリサーチチームを立ち上げる

もし独自のプロダクトリサーチチームを立ち上げるリソースがあるなら、リサーチしたいユーザーや体験について基本的な理解のある人材を採用することを強くお勧めしたい。リサーチチームに見過ごされてきたコミュニティに属するメンバーがいると、次のような力を発揮してくれる。

- そのコミュニティに属するメンバーとしてインサイトを共有する。
- 通常なら見落とされる可能性のあるリサーチ参加者の言動パターンを、容易に見極める。
- 収集データの中から新たなチャンスをすばやく見つけ出す。
- 通常よりも短時間でインサイトを見つけられるため、厳しいスケジュールでもやり遂げられるチームになる。
- チーム内の知識や経験のギャップを見つけられる。また、そのギャップを埋める協力者が必要なタイミングがわかる。

小規模な組織では、専任のリサーチチームを維持するだけのリソースがないかもしれない。プロダクトチームの1人もしくは2人でその責任を負うこともあるだろう。そういった場合、リサーチャーは、リサーチのデザインやレビューの際に、対象となる見過ごされてきたコミュニティから1人でも協力者を得て（おそらく組織内のプロダクトインクルージョン・ボランティア）、相談するのが賢明だ。

インクルーシブチームをつくることは、プロダクトインクルージョンの内側で入れ子でプロダクトインクルージョンを実行することだと考えよう。最終的な目標は、インクルーシブなプロダクトをつくること。それを実現するには、プロダクトをデザインする人やプロセスからインクルーシブにする必要がある。この作業は繰り返し行われ、インクルーシブな入れ子を重ねれば重ねるほど視点のダイバーシティは増し、成果はよりインクルーシブなものになる。私のメンターで元マネージャーのカレン・サンバーグの言葉を借りるなら、「お祈りをいくら繰り返してもご利益は減らない！」。チーム、プロセス、プロダクトのすべてにおいて、インクルーシブな視点の必要性を常に強調すること（一定の主張をし続けること）で、成果はより強固で豊かなものになる。

見過ごされてきたユーザーを対象とする調査研究の修正

調査研究のデザインと実施のプロセスについては、とても本書では説明しきれない。リサーチ手法には、既存研究の考察、ユーザーテストの実施、対面型インタビューやアンケートの実施など、数多くのものがある。それぞれの手法は、異なる方法で実施され、異なるリサーチスキルが必要だ。基本的なものから高度なテクニックまでさまざまで、それを網羅する書籍やそのほかのリソースは数多く存在する。

プロダクトインクルージョンは、ユーザーリサーチに新たな側面をもたらす。というのも、リサーチ手法や質問が従来どおりでも、それに対して従来とは異なる反応を示しそうな人々が参加するためだ。調査研究をデザインし実施する際には、出くわす可能性のある違いを考慮し、予期せぬ事態に備えておこう。続いては、インクルーシブリサーチの中でも、研究の種類やその参加者の特徴に応じた特別な注意が必要な部分をいくつか取り上げる。

なお、ここで挙げるのはインクルーシブリサーチのプロジェクトを成功させる決定的な項目ではない。目標、プロダクト戦略、参加者の違いにより、デザインや実施方法に修正を加える必要がある場合も出てくることに注意してほしい。

インクルーシブリサーチ・フレームワークの6ステップ

プロダクトやユーザーリサーチをインクルーシブなものにするには、見過ごされてきた消費者の参加を得る必要がある。Googleディレクターで、Area 120（新規プロジェクトのための社内インキュベーター）アドバイザー、プロダクトインクルージョンのエグゼクティブ・スポンサーでもあるマット・ワデルは、見過ごされてきたコミュニティから参加者を募る必要性を含め、インクルーシブリサーチを実施するためには以下のステップで進めるよう強く勧めている。

1 研究の目的を説明する。
2 対象者の選択基準を設定する。

3 サンプルをつくる。
4 リサーチ手法を選択する。
5 リサーチを実施する。
6 リサーチ結果を共有する。

では、これらの各ステップを詳しく説明していこう。

ステップ1：研究の目的を説明する

どんな研究をスタートするときも、それに先だってその実施理由を説明できなければならない。その研究から何を学び取りたいのだろうか？　たとえば、化粧品メーカーに勤めていて、ラテンアメリカ系とLGBTQ+コミュニティの人たちにもっとアピールできるようにプロダクトのラインナップを拡充したいとしよう。そうした場合、リサーチを行う理由はいくつか考えられる。

- そのコミュニティで、消費者に人気があるプロダクトとその理由を把握するため。
- そのコミュニティのメンバーがさまざまな化粧品のラインナップについてどう感じているか、またその理由はなぜかを把握するため。
- そのコミュニティのメンバーの、自分たちのプロダクトへの反応を知るため。
- そのコミュニティのメンバーの、自分たちの広告への反応を見るため。

自分の理由を説明するのに効果的な方法が、ランドスケープ分析だ。このランドスケープ分析は、あらゆる手を尽くして（研究を含む）特定のプロダクトやサービスの開発を推し進めていくために、まとまりと一貫性のある理由を見つけることに注力する訓練である。その実施にあたってはまず次の質問に答えてみてほしい。

- 何をつくろうとしているのか？
- 誰のためにそれをつくろうとしているのか？
- なぜそれをつくろうとしているのか？

- どんなコア・チャレンジを解決しようとしているのか？
- きっかけは何か？（ユーザーから特定の問題に対する解決策を求められたことがある？　あるいは市場のギャップに気づいた？）

これらの質問に答えれば、何を、誰のために、何のためにつくるのか、そしてプロダクトのデザインプロセスに必要な情報のためにデータを追加収集しなければならない理由が明確になるはずだ。

› ステップ2：対象者の選択基準を設定する

プロダクトインクルージョンのためのリサーチ実施の次のステップは、対象者の選択基準を決めることだ。見過ごされてきたどの層に、新しいプロダクトやサービスではたらきかけたいのかを決める必要がある。選択基準には次のようなものがある。

- 能力
- 年齢
- 教育
- 民族性
- 地理的条件
- ジェンダー
- 収入
- 言語
- 職業
- 人種
- 宗教的信条
- 性的指向

ここに挙げたのは、ダイバーシティの次元のごく一部に過ぎない。ダイバーシティの交差が加わると、個々のユーザーの違いは飛躍的に大きくなる。たとえば、30歳の女性を自認するエチオピア系黒人弁護士のニーズや好みと、50歳のノンバイナリーを自認するジャマイカ系黒人経営者のニーズや好みは大きく異なる。たとえ、2人は同じ人種だと見なされていたとしてもだ（インターセクショナリティについては第1章を参照）。

自分たちのプロダクトやサービスにとってチャンスになりそうな層を特定するのが難しい場合は、次のステップを検討してみてほしい。

- まず複数の次元を対象に幅広い調査を行い、その後、より範囲を絞ったグループについて追加調査を行う。
- マーケティングや営業の担当者といった組織内の詳しい人に、どのような見過ごされてきたコミュニティに最大のチャンスがありそうかを相談する。

見過ごされてきた人々をリサーチの参加者として募る

―― マット・ワデル
（ディレクター兼プロダクトインクルージョン・スポンサー）

Googleでは、世界と共に、世界のためにプロダクトをつくることを目指しています。Googleユーザーのいる場所、民族、社会経済的地位はさまざまです。そのようにバックグラウンドがさまざまなので、プロダクトの使用にあたってのメンタルモデルも状況も異なります。リサーチャーやプロダクト開発者として、私たちはこのような状況をできる限り理解する必要があり、だからこそインクルーシブなプロダクトを開発し、顧客へのサービスに示していくことができるのです。

大切なのは、ダイバーシティ&インクルージョンの特性が、研究の目的やプロダクトの用途によって異なってくることです。さまざまな学歴の参加者を求めなければならないという意味かもしれませんし、また、特定の職種や業界からの参加者を優遇する場合もあります。プロダクトの有意義な向上のためには、障がいのある人や、見過ごされてきた少数派としてのアイデンティティをもつ人の参加が必要な場合もあります。

プロダクトを使用する消費者のさまざまな状況を理解するためには、サービスを提供しようとしている人々を代表する参加者をリサーチの対象にする必要があります。そのために欠かせないのが、実施する前に対象者の基準を設定することと、プロダクトインクルージョンのチャンスがありそうなところについて社内の専門家と相談してインサイトを深めることです。

サンプルを作成した後は、ユーザーに真に共感するために、対面式のインタビューから全国規模の調査まで、さまざまなリサーチ手法を実施しています。一例としてあげるなら、UserTestingやValidatelyのようなモデレートされていないオンライン調査〔参加者が個別にオンライン上の質問に答える形式。リサーチの実施者は不在でも構わない〕は、幅広い属性のユーザーから素早くフィードバックを得ることができますし、特定の顧客セグメントに焦点を当てたリサーチにも適しています。

どの手法が自分の調査目的に最も適しているか、その手法のもつ限界も含めて検討する必要があります。先ほど挙げた例で言えば、モデレートされていないオンライン調査では、コンピュータや電話を使用しなければならないことが多く、その条件が参加できる人の属性に大きく影響する可能性があります。

重要なのは、多様性のある声が集まり、それがより良いプロダクトへとつながることです。だからこそ、私たちは喜んで自分たちの経験を広く共有し、この取り組みに力を注ぎ続けていきたいと思っています。

› ステップ3：サンプルをつくる

リサーチにおいて、「サンプル」とは大きな集団を代表する小さな集団を指す。サンプルをつくるには、調査に参加してもらいたい人々を特定し、集める必要がある。このプロセスは、参加者をどこから得るか（社内、社外、オンラインなど）や性質（対面式のインタビュー、全国調査など）によってさまざまに変わる。たとえば、社内調査の場合は、おそらくボランティアの中から参加者を募ることになり、Eメールで参加者を募集したり、組織のWebサイトで登録を促したりすることになるだろう。またUserTestingやValidatelyといったオンラインツールを使ってリモート調査を行う場合は、対象者に関する選択基準を入力すると、サービス側が適切な参加者と結びつけてくれる。

Googleでは、ユーザーエクスペリエンス（UX）リサーチチームのひとつが、オンラインで調査参加者（特にプロダクトの参加者）を募集し、興味のある人が参加者として登録できるようになっている。ただこのチームは、オンラインで登録してもらうと参加者が画一的になりすぎそうだと気づいた。そこで、次のコラムで紹介しているように、バン（ワゴン車）を走らせて生活の場へと人々に会いに行き、リサーチの参加者のダイバーシティを高めている。

GoogleのUXリサーチバン

―― オミード・コハンテブ
（ユーザーエクスペリエンス・リサーチャー）

GoogleがUXリサーチを行う際、ソーシング・キャンペーン〔適切な人を見つけてくる活動〕では通常GoogleのWebサイト（google.com/userresearch）に誘導します。このサイトに登録してもらうことで幅広い層の人々を集めることができるのですが、実際のところ登録してくるのは、このサイトを知っていて、事前にUXリサーチに参加するために自ら登録した人だけという選択バイアスがその根本にあります。

そこで登場するのがUXリサーチバンです。私たちはこのバンで、サンフランシスコのベイエリア周辺に出向いたり、年に1度のリサーチツアーでカリフォルニア以外の州へと出かけたりしています。このツアーでは、ラボで行うのとはまったく異なるグループを対象としたリサーチを行うことができます。UXリサーチバンのもとにやってくるグループは、Googleブランドのバンに近づくことに抵抗がないという意味では、やはり選択された人たちではあります。ただ、UXリサーチの知識やなじみは薄く、米国の全人口を代表するような人々に近く、多くの場合、ラボで私たちのもとにやってくるグループよりも技術的な知識が少ないことがわかりました。

バンでどこに向かうかを選ぶ際には、対象者の選択基準やさまざまなダイバーシティの次元の交差の観点から考慮をしていますが、それだけではなく、より多様性のある人々にアプローチできるように実際的な方法を考えています。たとえば、最近ではさまざまなアイデンティティをもつ人を歓迎するようなデザインにバンの外観を改装しました。また、お店の人やスタッフが休憩中に声をかけやすい場所にバンを停めています。さらに、バンの前を通りかかった人には誰でも、そして通常は私たちのリサーチで見過ごされてきたグループの人には特に、喜んで迎え入れ、リサーチへの参加を呼びかけています。

プロダクトチームがオフィスの外に出て、より多様性のある反応や視点をリサーチに取り入れようとするのは、リサーチをお決まりの領域から広げるクリエイティブな方法のひとつです。複雑なUXラボも数多くのリサーチャーも不要です。やっているのは、人々が元々いる場所で彼らに会い、ストーリーを語ってもらうことです。

› ステップ4：リサーチ手法を選択する

サンプルをつくったら、調査の目的に最も適したリサーチ手法を選ぶ。次のようなものが選択肢に上がるだろう。

- **対面式インタビュー**　対面で話すことで、他の方法では見逃してしまうようなコミュニケーション中の微妙なサイン（声のトーン、顔の表情、ボディランゲージなど）を拾うことができる。また、リアルタイムでフォローアップを行うことができる。たとえば、「その点についてもっと教えてください」とか、「なぜあのモックアップよりこちらが好きなんですか？」といったように。対面式インタビューの欠点は、リサーチャーと参加者の両方の時間が取られることと、調整事項（場所、時間など）が多くなることだ。
- **アンケート調査**　アンケート調査の利点は、より多くの人により迅速にアプローチできることと、対象として取り込みたいグループに合わせて調査規模を調整できることだ。欠点は、参加者が十分に集中せずに回答している可能性があること（たとえば、テレビを見ながらアンケートに答えているかもしれない）、非言語コミュニケーションの恩恵を受けられないこと、フォローアップの質問が制限されることだ（ただし、アンケート終了後にフォローアップの質問をするために連絡をしてもよいかどうかを参加者に尋ねることはできる）。
- **フォーカスグループ**　フォーカスグループでは、1対1のインタビューのスケジュールを何件も組んで実施することなく、複数の視点からの意見を一度に聞くことができる。ただ参加者は、知らない人ばかりのグループだとインタビューのときのようには気軽に話してくれないかもしれない。また、場の会話を支配する人がいたり、自分は違うと思っていても多数派に同意する人がいたりもする。黙っている人にも発言のチャンスをつくって、会話に引き込むようにしよう。

- **リモート調査**　リモート調査は、通常インターネットで実施され、多様性のあるユーザー群からすばやくフィードバックを得るにはぴったりの手法だ。また、迅速であると同時に、規模を拡大縮小したり、特定のユーザー層に絞ったりしてリサーチを実施することもできる。しかし、調査のためにユーザーが特定のデバイスを使用しなければならないことが多く、選択バイアスがかかりやすいという問題がある。

ステップ5：リサーチを実施する

リサーチを実施するプロセスは本書で取り上げる範囲を超えており、インタビュー、リモート調査、オンラインアンケートなど、選択した手法によってさまざまに変化する。大切なのは、その結果を収集し、記録し、要約し、分析する手段をもつことであり、それによって将来の取り組みの指針となるインサイトを引き出せるようになる。ここでは、プロダクトインクルージョンに特化したリサーチを実施するにあたって考慮すべきいくつかの項目を紹介したい。

- 最初のフィードバックは、できる限りプロセスの早い段階、つまりアイデア出しのフェーズで得ること。このフェーズであれば、たいていフィードバックが最大の効果を発揮し、実行に必要な投資も最小限で済む。
- 最初や最後だけではなく、プロセスの複数の地点でフィードバックを得ること。チームがフィードバックに応じて進路を変えるためには時間が必要だが、プロセス全体を通してフィードバックを得ていれば、進路変更はより簡単だし、方針の変化も小さくてすむ。
- 複数のダイバーシティの次元を代表する人々からのフィードバックを求める。
- リサーチャーやフォーカスグループの司会者が、選択基準を満たした参加者に対するリサーチを行うのに適格な人物かどうかを確認すること。たとえば、質問をする予定なら、そのグループのニュアンスを理解している人に書いてもらうか、少なくとも協力を得ながら書く。

- フォーカスグループやアンケート調査の中で質問を投げかける場合には、その質問が理解しやすいかどうかを確認するとともに、複数の人にチェックしてもらい、事前にあらゆるバイアスを見つけて取り除く。
- アイデアやプロダクトの繰り返し（イテレーション）ごとにフィードバックを得る。
- フィードバックを受けるときは、先入観をもたずに臨むこと。自分の想定やプロダクトのロードマップに反するようなフィードバックに対して、軽視したり無視したりしたくなる誘惑に屈しないこと。

参加者を伴うリサーチでは、どのような情報を収集し、それをどのように使用し共有する予定があるかを必ず明らかに示しておくこと。組織の顧問弁護士に相談し、同意書や個人情報保護方針など、参加者に署名を求める必要のある文書を作成してもらおう。また、実施に先立って、調査に参加する前にはいくつかの書類に署名する必要があることを参加者に伝えておく。調査の当日になって参加者を驚かせるようなことがないように気をつけよう。

＞ステップ6：リサーチ結果を共有する

リサーチの最後のステップは、チームや組織全体での結果の共有だ（データや調査結果を収集したり共有したりする際には、前もって、参加者と組織内外のパートナーからの同意を得ておく必要があるのを忘れないように）。データを整理、分析した後には、結果を発表するために研究論文を作成する。その際には以下の内容を盛り込もう。

- 研究への参加者の総数
- 参加者の属性ごとの人数
- 調査した質問／問題
- 研究デザインの説明
- 結果の概要
- 結論／考察

調査研究の内容とその結果を文書にまとめた後には、さまざまな方法で組織内の人たちと結果を共有することができる。いくつかの例を挙げる。

- 論文が役に立ちそうな社内の人それぞれにEメールで送付する。
- 研究結果を要約したインフォグラフィックを作成し、プロダクトチームのワークスペースに掲示する。
- 研究結果に基づいてユーザーストーリーを作成し、自分のチームや組織内の人たちと共有する。
- データをライトニングトーク――小さなグループで行う15分程度かそれよりも短いプレゼンテーション――の材料として利用する（ライトニングトークについては第8章を参照）。
- データと調査結果を、チームで行う次のデザインスプリント――一般的には5日間で実施するセッションで、新しいプロダクトのデザインやプロトタイピング、テストを行う――の冒頭で発表する（デザインスプリントについては第8章を参照）。

理想を言えば組織にいる全員が、そしてプロダクトチームについては確実に全メンバーが、さまざまなユーザーと定期的に交流するべきだということは忘れずにいよう。ユーザーとの距離が近ければ近いほど、組織が提供するプロダクトやサービスに深い共感と理解を加えることができる。とはいえ、組織やチームのリソースによっては全員が研究に参加するのは難しい場合もあるため、共有する方法や手段をもっておくことが大切だ。

リサーチからプロダクトまで：すべてをまとめあげる

研究は、それ単体で終わりではない。最終的にはプロダクトに反映させる必要がある。以前、ユーザーリサーチの理解を強化するべくShe Designs UXコースを受講し、そこでリサーチがどのようにプロダクトに反映されるかの全体像を得ることができた。そこでの最終プロジェクトは、ダイバーシティを念頭に置いたアプリの制作だった。私は、見過ごされてきた消費者、特にLGBTQ+や有色人種など、美容業界では対象としていつでも考慮されているわけでなない人々を対象とした美容サービスに焦点を絞ったアプリを制作した。アプリの制作にあたっては、リサーチとアクションを組み合わせる必要があり、以下のようなステップで進めていった。

1 美容アプリの現在の市場を調査する。すでに類似のアプリが存在しているか？　あるとすればどこが優れているのか？　何が足りないのか？
2 ターゲット層のユーザーとそうでないユーザーの両方から話を聞く。現在、美容プロダクトやアプリ、サロンをどのように利用しているのか？本当に必要としているもの、使ってみたいものは何か？
3 インタビューで得た情報をもとに、ターゲットユーザーを設定する。何に関心があるのか？　どんな相手と接しているのか？　アプリを使ってどう感じてほしいのか？
4 「なぜ？」の裏にある「どうやって？」を理解する。潜在的なユーザーにサービスを提供しているのは誰か？　具体的にどのようにして自分の仕事にインクルーシブ・レンズを適用しているのか？
5 アプリのビジョンを策定する。誰のためのアプリなのか？　その理由は？
6 レイアウトを把握する。インターフェイスはどのように構成されるのか？どのような色を使うか？　さまざまな色覚特性をもつ人にも配慮したものになっているか？　私のアプリはアクセシビリティのための支援ツールをどう適用できるか？

まずこうした点について考えるところからスタートすれば、注目の対象を拡げ、見過ごされてきたユーザーを優先対象として取り込むことができる。時間をかけてリサーチとデザインの戦略を綿密に練れば、結果的に時間が節約でき、プロダクトやサービスが豊かなものになる。

専門家の視点から見たインクルーシブUX

――シャライ・ギブス
（She Designs 創設者）

ある人々のためにデザインするには、その人々のニーズを深く理解する必要があります。強力なUXチームとは、多様性のある視点、バックグラウンド、ニーズ、経験を尊重し、取り入れるチームです。UXデザイナーやプロダクトデザイナーの役割は、どうしてデザインするのかを理解するだけでなく、誰のためにデザインしているのかを理解することでもあります。

ダイバーシティをもつ集団の意見や視点に耳を傾けなければ、バイアスを避け、真のイノベーションを起こすことはできません。多様性のある声には価値があります。私たちの取り組みはいずれ社会に影響を与えるものですが、ダイバーシティは競争をするうえでの優位性にもなります。

アイデア出しのプロセスでは、私たちは模索し続け、「このプロダクトには、ニューロ・ダイバーシティ（神経多様性）を自認する人々の視点が含まれているか？　LGBTQIAの視点は？」「どうすれば私たちが行っていることで、世界に永続的な影響を与えられるだろうか？」といったことを問い続ける必要があります。最終的には、私たちがつくったプロダクトが私たちのレガシー〔残すべき遺産〕となるのです。

少し考えてみよう。私たちは皆、良い遺産を残したいと思っている。たとえ意図していなかったとしても、個人的にもプロダクトデザインにおいても、ユーザーを排除するような古い遺産などは残したくはない。私たちは皆、成長し、最終プロダクトが見過ごされてきたユーザーにもたらす効果について、また彼ら彼女らの生活にポジティブな影響を与えられる大いなる機会についての理解を向上させ続けることができる。

CHAPTER

8

—

プロダクトインクルージョンを アイデア出しのプロセスに組み込む

アイデア出しは、頭の中にあるアイデアを明確にし、プロダクトやサービスのコアコンセプトを理解するプロセスであり、同時にチームメンバーがプロダクトやサービスをどのようにして実現するかについてブレインストーミングを開始するタイミングでもある。プロトタイプやテストに進む前に、このアイデア出しのフェーズで、ターゲットユーザーに合わせた潜在的なソリューションを見つけ出し、それに基づいて組立て、しっかりと固めていく。

プロダクトやサービスのすべてが誕生するアイデア出しは、新プロダクトの開発プロセスの中でも特に重要だ。このフェーズの後に、リソースが投入され、マーケティング戦略が練られ、動かせないリリース期限が決まる。この最初期の段階でインクルージョンに焦点を絞れば、プロセス中でインクルーシブ・レンズが必要となる主要ポイントがより明確になり、無用なコストを抑えつつ成功を確実なものにできる。ほかの戦略やプロセスのパーツと同じで、変更の実施もプロセスの早い段階であればあるほど容易でコストもかからない。また、構想段階でインクルーシブ・レンズを適用すれば、インクルーシブを念頭に置いた計画が立てられる。その結果、ビジネス面でもユーザー対応の面でも、最も望ましい成果をあげつつ、最小限のコストでチャンスを最大化できるし、なにか頭痛の種があったとしてもそれを最小限に抑えられるのだ。

本章では、デザインスプリント（チームで実践する新プロダクトのデザイン、プロトタイプ、テストのための5段階のフレームワーク）やライトニングトーク（会社のプロダクトやサービスをよりインクルーシブにするために行われている重要な取り組みについてチームを教育し、インスピレーションをもたらす短時間のプレゼンテーション）を実施して、アイデア出しのプロセスにインクルージョンを組み込む方法を説明する。

インクルーシブ・デザインスプリントの実施

プロダクトインクルージョンをアイデア出しのプロセスに組み込むのに最適な手法のひとつが、組織全体からさまざまな視点をもつ参加者を募り、デザインスプリントを実施することだ（デザインスプリントとは、限られた時間で、チーム単位のブレインストーミングを行うフレームワーク。リスクは最小に抑えつつ、短時間でいくつものアイデア出しを繰り返すことができる）。インクルーシブ・デザインスプリントは、多様性のある視点をもつ人たちを集め、大きな視点で考えたり互いに刺激し合ったりできる非常に効果的な手法だ。インクルーシブ・デザインスプリントは、インクルーシブなプロダクトの開発につながるだけでなく、ユーザーの考え方や感じ方がどれほど人によって違うかをデザインスプリントの参加者が直に感じ取ることのできる、絶好の機会にもなる。

このデザインスプリントは、決して新しい手法ではない。2010年にGoogleのジェイク・ナップによって考案され、その後、GV（旧Google Ventures）において、アイデアの検証やプロダクトマーケットフィットを評価するためのツールとして開発された（詳細はhttps://www.thesprintbook.com/）。もともとデザインスプリントは5日間限定で実施し、その期間内にチームは要件定義をし、解決策を提案し、プロトタイプを構築し、それをテストするものとして考案された。ただ実際には状況に応じてフレームワークを調整し、3～4日から2週間の間で実施することもある。

こうしたデザインスプリントは、前に実施したスプリントの取り組みを下敷きにして次を行い、反復的に繰り返していく。スプリントに取り組むチームは、各スプリントを開始してまもなく課題を定義し、終了時にはその課題を克服する、あるいは課題の克服に近づくプロダクトやプロトタイプを手にする。加えて、それ以上に大切になるのは、各スプリントから学び、将来のスプリントの指針となる新たな質問や課題を導き出すことかもしれない。

それでは、デザインスプリントの準備と実施の方法について説明していこう。

› 参加者の確認と招待

デザインスプリントの成功には、適切な人を集めることが不可欠だ。次に挙げる各役割を果たす、さまざまな視点や専門知識を持った人たちを集めよう。

- **スプリントマスター**　スプリントマスター（ファシリテーター）は各セッションの進行を管理し、その最中にすべての参加者が発言できるようにし、その場で生まれた発想を記録する。
- **ユーザー代表**　プロダクトのデザインの対象となる、見過ごされてきたグループの人々や、そうした見過ごされてきたユーザーのニーズや好みについて深いインサイトをもつ人々が、ユーザー代表となる。デザインスプリントを「内々で」で行うために、多様性のある属性を持つ組織内のユーザーや既存の顧客、またはリーチしたい特定のグループから代表者を招くのが理想的だ（アイデアが新しいものであり、もっと検討が進展して十分練られるまでは、できるだけ秘密にしておきたい場合もあるため）。信頼できる外部のテスターを招くチャンスがあれば、それもとても有効だ。
- **カスタマーサービス担当者またはマネージャー**　カスタマーサービスの担当者は、現時点での顧客と接しているので、そのニーズ、好み、不満などについて独自のインサイトをもっている。
- **マーケティングの専門家**　マーケティング担当者は、消費者層に関する貴重な情報を提供し、マーケティング活動から除外されているのは誰かを明らかにすることができる。
- **プロダクトデザイナー／開発者**　デザイナー／開発者は、ユーザーのニーズや好みを機能へと置き換えるスキルをもっている。議論する課題に対して解決策を検討するうえで不可欠なスキルだ。
- **テクノロジースペシャリスト**　テクノロジースペシャリストは、チームが思い描くプロダクトをつくる組織内の能力についてインサイトをもたらすことのできるユニークな存在だ。
- **意思決定者**　スプリントチームのメンバーには、そこで出されたプロダクトのアイデアを追求するかどうかを決定し、チームメンバーの間でコンセンサスが得られない場合に最終的判断を下す権限をもつ、シニアエグゼクティブ（重役）あるいはステークホルダーを必ず含んでおくこと。

デザインスプリントをよりインクルーシブなものにするため、プロダクトチームの通常業務とは縁遠い人たちの参加を求めよう。プロダクトを新鮮な目で見ることができる、多様性のある視点を持った人を集めた方がいい。そうした人たちはチームの取り組みを知らず、だからこそ彼らの投げかける質問から、思いも寄らなかったユーザーエクスペリエンスの不具合やマーケティングの断絶など、他の方法では見過ごされるような課題が明らかになることもある。全参加者が発言できるように人数は多くとも10人までとし、誰が発言し、誰がしていないのかを確認しながら、幅広い視点からの意見を求めていこう。

デザインスプリントの実施期間中に、特定のタスクに取り組む小グループを編成する必要があるときは、異なる部門や専門に属するメンバーでチームを編成しよう。普段は一緒に仕事をしていない顔ぶれでチームを組むことで革新的な相乗効果が生まれるし、部門の規範や戦略に縛られずに、お互いのアイデアを生かすことができる。また、自由に発想できるので、イノベーションが促進される。

＞ デザインスプリント成功の土台づくり

デザインスプリントの成果を最大限引き出すために、次のことを心がけよう。

- 初回のセッションの2週間前に、候補者リストのメンバーに以下の内容を含む招待メールを送る。
  - 今回のスプリントの目的や参加者してもらいたい人など、デザインスプリントの背景情報
  - デザインスプリントワークショップの開催日時
  - 簡単な登録フォーム、または登録フォームへのリンク
- 全員がゆったり入り、動き回ることのできる十分な広さの部屋を事前に押さえておく。
- アイデアの記録や共有に必要なもの（ホワイトボード、大きめのポストイット、サインペンなど）を用意する。

- 参加者には、デジタルデバイスの使用はデザインスプリントのミッションを推進する目的に限るよう強く促す（デジタルデバイスの使用を禁止してもいい）。

デザインスプリントの実施

ジェイク・ナップが開発したオリジナルのデザインスプリントは、5日間、5つのステップで構成されている。

1 理解
2 スケッチ
3 決定
4 試作
5 検証

インクルーシブ・デザインスプリントでは、最初と最後に重要なステップをひとつずつ追加し、7つのステップのプロセスにすることをお勧めする。5日間で行うことも可能だが、このステップ追加がプロダクトインクルージョンの重要性を紹介し、スプリント後も作業を継続するための鍵となる。

1 プロダクトインクルージョンの紹介
2 理解
3 スケッチ
4 決定
5 試作
6 検証
7 学びの記録と次のステップの計画

では、各ステップについて詳しく説明しよう。

ステップ1：プロダクトインクルージョンの紹介　第1回のスプリントセッションの冒頭で、スプリントの全体的な目的や課題の文脈でプロダクトインクルージョンを紹介しよう。プロダクトインクルージョンを紹介する際には、

「ライトニングトーク」と呼ばれる簡単なプレゼンテーションを行うといい（詳細は後述の「ライトニングトークの実施」を参照）。プロダクトインクルージョンの紹介にライトニングトークを行うにしても、違う方法をとるにしても、以下の内容は必ず盛り込むようにしよう。

- プロダクトインクルージョンの定義――すべての人のために、すべての人でつくる
- プロダクトインクルージョンのヒューマンケースとビジネスケース（第4章参照）
- 意図的に少数派のユーザーのためにつくることの重要性――さもなければ疎外される可能性が高いこと
- チームのほかのメンバーとってはなじみのないユーザー代表の紹介と、彼らが果たす重要な役割の解説。そうすることで、見過ごされてきた参加者が歓迎され、感謝され、自分の考えや見解を自由に表現できる絶好の機会をつくることができる。

ステップ2：理解　プロダクトインクルージョンを紹介した後、プロダクトを使用するユーザーが直面するペインポイントや問題点と、それらのペインポイントから見えてくるチャンスを強調したマップを作成する。デザインスプリントでは、次の2種類のマッピング手法が用いられることが多い。

- **カスタマージャーニーマップ**　カスタマージャーニーマップは、プロダクトやサービスに対する顧客の体験を端から端まで（購入前から購入後まで）、時系列で表したマップで、その途中で生じる問題点やペインポイントを強調して示す。
- **共感マップ**　共感マップは、ユーザーの発言、行動、考え、感じたことに基づいてユーザーエクスペリエンスを評価するため4つの象限に分けられる。単一のユーザーの経験を反映させることも、複数のユーザーの体験をまとめて反映させることもできる。デザインプロセスを推進するペルソナをつくりあげていくための方法だ。

次に、マップから得られたインサイトをもとに、問題点やペインポイントを解決するためにどんな方法がありそうかをブレインストーミングする。直さなければならないほころびはどこか？　ユーザーエクスペリエンスを向上させるためには、プロダクトのどのような機能を変更または追加することが考えられるか？　なおこの段階で、チームの視点は問題からチャンスを見出していかなければならない。

最後に、チームは最も重要と捉える、推し進めるべき問題／チャンスをひとつ特定する。

ステップ3：スケッチ　このスケッチでは、問題や課題に対する解決策を描きだす。デザインスプリントを考案したジェイク・ナップは、以下の4つのステップでスケッチを進めることを推奨している。

1 **鍵となる情報を集める**　市場に出回っている類似商品や、その他のインスピレーションの材料になるものについて20分程度議論し、見つけたものを書き留める。
2 **解決策を大まかに描く**　さらに20分ほどかけて、大まかなアイデアをスケッチする。
3 **すばやく展開させてみる**　ステップ2から最も良いアイデアを選び、そのアイデアを展開させたバリエーションを8分間で8種類スケッチする。
4 **詳細を考える**　問題／課題を克服するための最終的な解決策を、30分かけて考え、書き留める。

ステップ4：決定　問題や課題を解決するために出てきた複数のアイデアのなかで、ベストなものだけを明らかにするには整理する必要がある。どの解決策が最も優れているかについて合意を得るために、ナップが推奨しているのが以下の5つのステップだ。

1 **美術館風展示**　解決策のスケッチを一列に並べて壁に貼り出す。
2 **ヒートマップ**　各自で静かにスケッチを見て、気に入ったものの横に小さなドットシール（丸シール）を1〜3枚貼る。

3 **スピード品評**　スケッチ1枚につき3分。各ソリューションの注目点をグループで議論し、際立ったアイデアや重要な反論を把握する。最後に、グループが何か見逃していないかどうかをスケッチした人に尋ねる。
4 **模擬投票**　各自が好きなアイデアを無言で選ぶ。一斉に大きなドットシールを貼って、各自の（決定権のない）一票を示す。
5 **最終投票**　意思決定者に大きなドットシールを3枚渡し、シールにイニシャルを記入する。最終的に意思決定者が選んだソリューションをプロトタイプし、テストすることを説明する。

ステップ5：試作　追求するソリューションを選択したあと、チームはユーザーにテストしてもらうプロトタイプ（完成品の試作モデル）を制作する。可能な限り現実的なプロトタイプをつくる方が、次のステップの顧客による検証で良い結果が得られる。

ステップ6：検証　スプリントの最終日には、チームで制作したプロトタイプを5人の顧客に1人ずつ順に見せる。プロトタイプについて話をし、どのように扱うかを観察できると理想的だ。また、各顧客とのセッションを録画しておけば、チームで一緒にビデオを見て学ぶことができる。ジェイク・ナップは、テスターとなる顧客に対して次の「5幕構成のインタビュー」を実施するよう推奨している。

1 **フレンドリーな歓迎**　顧客を歓迎し、安心感を与える。忌憚のないフィードバックを求めていることを説明する。
2 **背景を理解するための質問**　ちょっとした世間話から始めて、知りたいトピックに関する質問に移行していく。
3 **プロトタイプの紹介**　うまく動作しない部分もあること、そしてうまく動かない部分を見つけるためにテストしているわけでないことを伝える。顧客に考えていることを声に出しながら操作してもらうようお願いする。
4 **タスクと促し**　顧客が自分でプロトタイプを理解するのを見守る。まず簡単な促し（ナッジ）から始め、顧客が考えながら声に出せるようにフォローアップの質問をする。

5 **デブリーフィング**（振り返り） 顧客に全体的な印象を聞く。そして顧客に謝意を伝え、謝礼を渡して出口に案内する。

ステップ7：学びの記録と次のステップの計画 スプリントは、「1回きりで終わり」の活動ではない。継続的な改善を目的とした、繰り返し（イテレーション）を前提とする手法だ。たとえプロトタイプがうまくできなくても、チームは何かしらの学びを獲得し、十分な情報に基づいて次のステップへの計画が立てられるので、スプリントに失敗はない。また多くの場合、次に進む計画には次回のスプリントの予定が盛り込まれる。スプリントから、新しいアイデアや、チームが追求したい別の道が生まれることもある。またスプリントで市場に出せる完璧な新プロダクトができあがることはなく、できるのはプロトタイプに過ぎないため、次のステップを示す具体的な計画づくりは不可欠だ。

検証のフェーズが終わるとスプリントは正式に終了となるが、終了の前に、以下のステップを実行することをぜひお勧めしたい。

1 スプリント中に学んだことについてチームで議論し、必ずメモを取って学びの内容を記録する。
2 スプリント後の取り組みを確実に進めるために、やるべきこと、担当者、期限を具体的に決める。

ライトニングトークの実施

ライトニングトークとは、あるコンセプトを新しい聞き手に紹介するための短時間（15分以内）のプレゼンテーションのことだ。ライトニングトークはスプリントの冒頭で行われることが多く、参加者の目をほかのチームやコンセプト、実践に目を向けさせ、それがスプリントの後半で発展させていくアイデアを刺激する。また、デザインスプリントを行う時間的な余裕がない場合、チームミーティングやブレインストーミング、全員参加の会議などでライトニングトークを行い、チームに刺激を与えると、よりインクルーシブなレンズを通して自分たちの仕事を眺められるようになる。

ライトニングトークを行えば、聞き手のプロダクトインクルージョンについて学びたいという欲求を満たしつつ、もっと知りたいという気持ちをかき立てることができる。私たちは社内外の両方でライトニングトークを実施し、聞き手の心には何が響き、何が響かないのかを検証した。その結果、好意的なフィードバックが数多く寄せられ、社内外のプロダクトチームから長期のコンサルテーションの希望だけでなく、コンテンツのとりまとめに対する、あるいはインクルーシブな視点でのプロダクトづくりと顧客のための正しい行動でより多くの価値を引き出すためのコンサルテーションを希望する声が届いた。プロダクトインクルージョンを慎重に始めるのは、共通言語をもつための鍵であり、潜在的な顧客を増やすことや、話をダイバーシティに関するものから機会や顧客の増加、さらなるユーザー価値の創出へと移すことについて幅広く考えさせるための鍵でもある。各ライトニングトークはわずか15分なので、状況に合わせて拡縮でき、理解しやすく、プロダクトインクルージョンのコンセプトになじみのない人たちの気持ちも沸き立たせることができる。

以前、プロダクトインクルージョンのワーキンググループがまだないプロダクトチームにライトニングトークを行ったことがある。そのチームのミーティングでは、プロダクトインクルージョンとは何か、プロダクトインクルージョン・チェックリスト（第6章参照）を使用するメリット、プロダクトインクルージョンの導入で得られる可能性のある成果、スタートするための次のステップについて、15分ほど話をした。そのチームは、すぐさま20%プロジェクトのボランティアからなるプロダクトインクルージョン・ワーキンググループを立ち上げ、私たちのチームと協力してその組織全体の戦略を作成しようと決めた。そうした効果をあげられたのは、私たちがプロダクトインクルージョンのコンセプトを明確に説明したうえで、彼ら自身のチームのプロダクトがどのような機会をもたらし、どのようにユーザーに役立つのかを明らかにし、さらに次に進むための3つのステップの概要を示したからだ。また、その過程で私たちがどのようにサポートしていくかも説明した。今ではそのチームは、ほぼすべてのプロダクトでインクルージョン・チャンピオンを活用している（インクルージョン・チャンピオンとは、女性、有色人種、50歳以上など、歴史的に見過ごされてきたさまざまなコミュニティに属する従業員で、視点を共有し、プロダクトをテストする人たち）。

ライトニングトークを成功させる鍵は、事前の準備だ。自分の主張を伝える時間は15分（あるいはそれ以下）なので、しっかりと整理したプレゼンテーションを作成する。次のようなフレームワークでプレゼンテーションを構成しよう。

1 魅力的な見出しや事例を示して参加者を惹きつけ、興奮させ、プロダクトインクルージョンのヒューマンケースをつくり始める。
2 プロダクトインクルージョンのコンセプトを紹介する。なじみのない聞き手には、プロダクトインクルージョンをプロダクトデザインのプロセス全体にインクルーシブ・レンズを適用することだと定義するところから始めるとよい。
3 ビジネスチャンスを示す人口統計を提示するなどして、ビジネスの観点から見た重要性を説明する。
4 ケーススタディや実際のユーザーからの声など、プロダクトの開発プロセスにインクルージョンを組み込む重要性を裏付けるデータや例を提示する（プロダクトインクルージョンを導入するためのヒューマンケースやビジネスケースの構築については第4章を参照）。
5 参加者がそれぞれの業務にインクルージョンを組み込み始めるためにできる具体的なアクションを3〜5種類提示する。たとえば、メーリングリストに参加する、ドッグフーディングに登録する、インクルーシブマーケティングの原則に従うことをコミットするなど（ドッグフーディングとは、新しく開発されたプロダクトを組織内のユーザーでテストすること。詳細は第9章）。
6 プロダクトインクルージョンの情報源（社内Webサイトなど）を共有し、聞いている参加者に、インクルーシブデザインを自身の仕事に取り入れるためのアクションをひとつ約束してもらう。
7 参加者が追加情報やアドバイスが必要になったときのために、あなたやあなたのチームの誰かの連絡先を伝える。

このライトニングトークの手法を用いれば、あっという間に高揚感を生み、チームがスタートを切るのに必要ないくつかの重要なアクションを抽出できる。たった15分で、プロダクトインクルージョンをプロダクトデザインプロセスの一部として取り入れることへの同意が得られるし、アイデア出しのフェーズでこれを行えば、その効果は残りのプロセスにも波及する。

最も大きく、大胆で、鮮やかなアイデアが生まれるのは、アイデア出しのフェーズだということを忘れないようにしよう。ユーザーの生活を向上させられる革新的な方法を考えるのも、組織の創造性と力で夢を行動や具体的なプロダクトへと変貌させるのも楽しいものだ。それが1時間でも、1日でも、1週間でも、アイデアを出し、アイデアをインクルーシブにするための時間を取ることが、インクルーシブなチーム、プロダクト、組織を構築するための鍵となる。

CHAPTER

9

独自のドッグフーディングと敵対的テストプログラムを始めよう!

猫はドッグフードが嫌いだ。とはいえ、どうすればそれがわかるのだろう？ 確かめるには、いろいろな猫にいろいろなドッグフードを食べさせてみるしかない（もちろんこれは冗談！ 決してそんなことはしない）。しかしこれは、人間を対象とした場合も同じだ。人に聞いてみたり、プロダクトを試してみてもらったりすることなしに、ニーズは何かを知っているとはとても言えない。犬の好みと猫の好みが違うように、あるユーザーには合っていても、それが別のユーザーにも合うとは限らない。人はみんな違うのだから、それに応じた扱いが必要だ。ある個人やユーザーのコミュニティにとって、何が魅力的で、何が役に立つのかを知る唯一の方法は、質問し、聞き、試すこと……それもプロダクトのデザイン・開発のプロセスで、何度も繰り返して行うことだ。

適切でインクルーシブなプロダクトをつくるためには、ユーザーと話し、プロダクトを試してもらうことが欠かせない。実際にユーザーとなりうる人たちと対話し、プロダクトを使ってみてもらわなければ、一部の人たちが使うことができない、あるいは望まないプロダクトをつくってしまうリスクが生じる。「すべての人のためにつくる」を可能にするためには、年齢、人種、民族、能力などの面で、歴史的に見過ごされてきたユーザーの視点を積極的に取り入れなければならない。

Googleでは、歴史的に見過ごされてきたユーザーをより深く理解するために、数々のリサーチ手法を実践している。中でも私たちのチームが優先しているのが次のふたつだ。

- **ドッグフーディング**　Googleでは、ユーザーに公開する前に「自分たちで自分のドッグフードを食べる」ことが必要だと考えている。ドッグフーディングではローンチ前のプロダクトについて内部で議論したり、テストしたりする。また、フォーカスグループやユーザーテストが含まれることもある。

  またGoogleのユーザー補助Trusted Testerプログラムでは、ドッグフーディングをGooglerの家族や友人、信頼のおけるパートナーにまで範囲を広げ、具体的で率直なフィードバックやアイデアの共有をしてもらっている。
- **敵対的テスト**　敵対的テストでは、社内の多様性のあるテスター(ドッグフーダー)グループを活用し、ローンチ前のプロダクトを「壊す」タスクをしてもらう。目的は、プロダクトの不具合をひとつ残らず明らかにすることだ。そうした不具合には、見過ごされてきたユーザー以外には無関係だったり、わからなかったりするものもあり、この手法を使うことでプロダクトのローンチ前に問題を解決できる。

なお私たちは、見過ごされてきたグループに属するドッグフーダーやテスターを「インクルージョン・チャンピオン」と位置づけている。

本章では、ドッグフーディングや敵対的テストのプログラムを独自に立ち上げ、プロダクトチームと連携してプログラムの参加者を取り組みに引き込む方法を説明する。また、4件のケーススタディを紹介し、インクルーシブなプロダクトのデザイン・開発プロセスの実践によってプロダクトの品質が向上することを示したい。

ドッグフーダー／テスター人材リストの作成と管理

もし大きくダイバーシティに富んだ組織に属しているなら、見過ごされてきたユーザーからのフィードバックをプロダクトチームが必要とする際に利用できるように、ドッグフーダーや内部テスターの人材リストをつくっておくのがお勧めだ。Googleには、従業員リソースグループ(ERGs)の協力のもと、歴史的に見過ごされてきたバックグラウンドをもつボランティアを見つけるためのすばらしいリソースがある。ERGsはGoogleが財政面、プログラム面から支援する従業員主導のグループであり、社会的、文化的なコミュニティ、さらにマイノリティのコミュニティの代表としての役割を担う。Googleにはそうしたグループが15ほどあり、その一例が次のようなグループだ。

- HOLA：ヒスパニック／ラテンアメリカ系Googler
- BGN：黒人Googlerネットワーク
- Greyglers：年齢を重ねたGoogler
- IBN：インター・ビリーフ・ネットワーク〔さまざまな信念や信仰をもつGooglerが受け入れられ、サポートされていると感じられるようなインクルージョンや相互理解をつくり出すことを目的としたグループ〕

私たちは全社の従業員に向けて一般のドッグフーディング人材リストへの登録を定期的に呼びかけている。さらに従業員は、自分が参加できるドッグフーディングについて次のような連絡も定期的に受けとる。

- あるチームがプロダクトのローンチを間近に控えており、プロダクトを使用した感想をフィードバックとして求めている。
- あるチームがプロダクトのプロトタイプを作成し、テストとフィードバックに多様性のある視点を取り入れたいと考えている。
- あるチームが潜在的な機会を見つけ、その機会が幅広い潜在顧客からの共感が得られるものかを確認したいと考えている。

続いては、ドッグフーダーや内部テスターの人材リストを独自に作成し、プロダクトチームの取り組みに参加してもらう方法について説明したい。

従業員の採用

従業員はたいていドッグフーダーや内部テスターとして積極的に参加してくれるので、人材確保に苦労することはないだろう。ただし、組織はそれが本来業務でないことを十分認識し、また従業員がそうした役割を担えるような、柔軟性の高いスケジュールを提供しなければならない。募集自体は、たいていの場合、次のように依頼するだけだ。

- 組織にERGs（またはそれに類するもの）がある場合は、ERGsのリーダーと協力して、そのグループからメンバーを募る。ダイバーシティとプロダクトインクルージョンをテーマにしたライトニングトーク（第8章参照）をグループに対して行うことを検討し、興味のあるメンバーに書き込んでもらってリスト化するための登録用シートを用意する。
- プロダクトインクルージョンとは何かという説明と、多様性のあるテスターのグループをつくりたいという目的を記したメールを組織全体に送り、ドッグフーディング人材リストへの参加を呼びかける。

ドッグフーディングに参加する従業員の募集は、一度限りの呼びかけではなく、継続的な取り組みだ。できるだけ大きな成功を手にするためのヒントをいくつか紹介しよう。

- いつもは参加する機会のない人に声をかける。
- 参加は任意とする。
- 参加者の時間、労力、専門知識に対して常に感謝の気持ちをもつ。
- プロダクトやテストの裏側にある「なぜ」を共有し、自身が参加することの重要性を認識してもらう。
- フィードバックを広く受け入れ、実行するように。さもなければ、ドッグフーダーは自分の意見など尊重されていないと感じるようになる。

組織が小さくて従業員が少なすぎる場合や、組織内にドッグフーダーやテスターの人材リストをつくるのに必要とされるようなダイバーシティがない場合は、以下のような別の方法を検討してみよう。

- UserTestingやValidatelyなどのサービスを利用して、リモート調査を行う（詳細は第7章を参照）。
- 既存の顧客、大学、業界や専門家のグループ、非営利団体など、外部リソースにも募集をかける。

- 外部の会社にフォーカスグループやユーザーテストの実施を依頼する。

› ドッグフーディングのリーダーを選ぶ

ドッグフーダーを集める際には、ドッグフーダーとプロダクトチームの間を調整することに前向きで、その能力のあるドッグフーディング・リーダーを（ドッグフーダーのリストまたは組織の中から）選ぶことをお勧めする。なお、選んだ人のスキルアップに時間をかけ、役割を理解してもらう必要があることに注意しよう。

Googleでは、これまでに数名、専任のドッグフーディング・リーダーとして選ばれた人たちがいる。その1人はオースティン・ジョンソンで、当初20%プロジェクトとしてそのポジションを選び、ベン・マーゴリンとロビン・パークが指揮を執るようになった2019年末までドッグフーディング・リーダーを務めた。彼は現在、YouTubeでユーザーテスト戦略の窓口の役割を担う一方、Google全体のチームのコンサルタントを行っている。ドッグフーディング・リーダーの重要な役割は、チームと協力してテストのニーズを評価し、複数のダイバーシティの次元にまたがるテストを行う際のレプリゼンテーションを増強する方法を考え、進捗状況の追跡を助け、チームが責任をもってインクルーシブ・テストを業務に組み込む支えとなることだ。

インクルージョン・チャンピオンのマネージメント

—— オースティン・ジョンソン
（ミュージック・レーベル、パートナー・オペレーション・マネージャー、元20%ドッグフーディング・リーダー）

私の役割は、プロダクトインクルージョン・イニシアチブの拡大を後押しすることです。そのため、見過ごされてきたバックグラウンドをもつボランティア（インクルージョン・チャンピオンと呼ばれる）のリストを管理し、そのリストの対象者にプロダクトチームからのお知らせを送って、プロダクトのテストを実施し、外部向けのローンチ前にフィードバックを提供できるようにします。プロダクトチームからの依頼のほとんどは、プロダクトインクルージョンチームからの意見が欲しいというものか、近々発売される新しいアプリやハードウェアをテストするためにボランティアに連

絡を取ってほしいというものです。

ローンチ前に多様性のある視点からプロダクトを評価してもらうことで、すべてのユーザーのためのソリューションを生みだせますし、プロダクトがコミュニティ間に溝をつくるのではなく、さまざまなコミュニティのユーザーに力を与えることが本当にできるのです。一部の人やその視点だけを念頭に置いてプロダクトをつくっていては、自分たちのテクノロジーによって世界を良くするためのソリューションの一端を積極的に担おうとしているとは言えません。

インクルーシブ・ユーザーテストの実施によって、チームは大きな恩恵を受けることができます。チームの人々を測定の難しいかたち（共感の構築やクリエイティブなプロセスの繰り返しなど）で成長させるだけではありません。インクルーシブ・ユーザーテストによって、Google社内の見過ごされた、あるいは十分なサービスを受けていないコミュニティに属するボランティアで、それぞれの普段のチームでのレプリゼンテーションはないかもしれない人々へのつながりが生まれることで、プロダクトのトラブルシューティングの実施や、より良いソリューションの創出にも役立つのです。

プロダクトチームにとっては、リリース前に特定の機能のストレステストが実施できるというメリットにもなります。当然、まだ準備の整っていないプロダクトをリリースしたくはありませんから。たとえば、あらゆる肌の色の正確な表現が必要とされるプロダクトのテストを実施するためにボランティアを集める支援を行ったことがありますが、そんなテストを行うには、さまざまな肌の色をもつ人をサンプルとして大量に集めるしか方法はありません。私たちがボランティアを抱えていなければ、各チームが社内でテストを実施するのはさらに難しいものになることでしょう。

› ドッグフーダーとプロダクトチームの連携

プロダクトチームには、誰がドッグフーディング・リーダーなのかと、その人への連絡方法を伝えておこう。またフォーカスグループやテストにドッグフーダーが携わる必要がある場合には、書面で依頼するように指示する。その依頼書には、以下の内容が含まれていなければならない。

- チームがつくろうとしている、または検討しようとしているプロダクトやサービスの簡単な説明。
- チームがそのプロダクトやサービスに関連して現在行っている、あるいは過去に行った、ダイバーシティ&インクルージョンの研究についての簡単な説明。これは、プロダクトチームが前提としているコア・ユーザーをドッグフーディング・リーダーが理解するうえで重要で、適切な人々をフォーカスグループやテストにラインナップすることにもつながる。ドッグフーディング・リーダーが、プロダクトチームの現在のドッグフーディング人材リストに足りない部分を見つけ出し、拡大を支援することができるかもしれない。
- いつフィードバック／テストが必要あるいは完了しなければならないかを示す時間枠やスケジュール。
- その他のパラメータや制限事項。
- プロダクトチームと、法務やマーケティングといったほかの関連部門のチームとの取り組み（およびこれらのチームからの必要な承諾）。
- ドッグフーダーに配布する資料の案。以下の内容を含むこと。
  - プロダクトチームがドッグフーダーの参加を求める目的の簡単な説明
  - 予定を円滑に進めるための時間枠やスケジュール
  - ドッグフーダーから尋ねられそうな、研究に関する質問に答えるためのFAQ〔よくある質問とその回答〕リスト
  - 追加の質問や懸念事項があった際に対応できるプロダクトチームの担当者の連絡先情報

プロダクトチームから依頼を受けたドッグフーディング・リーダーは、選択基準を満たす全ドッグフーダーに向けて通知メールを送信しなければならない（プロダクトや必要とされるフィードバックによっては、登録済みのドッグフーダー以外にも通知メールを送付してもいいかもしれない）。通知メールを作成する際には、以下の内容をできるだけ詳しく書いておくようにしよう。

- フォーカスグループやテストの目的と、プロダクトやサービスによって見込まれる影響
- 参加してほしい時間枠やスケジュール
- 場所
- 基準を満たす対象者のみに返信してもらうための制限事項
- 回答／登録の期限
- 参加が任意であることを強調する文言

ドッグフーディングの告知に使えるテンプレートは、このようなものだ。

> インクルージョン・チャンピオンの皆さん、こんにちは！
> 皆さんにドッグフード［プロダクト名］を手伝っていただく機会があります。私たちは、このプロダクトを［場所］で今後1カ月間試用してくれる同僚を探しているところです。
> このプロダクトを屋外で使用してください。こちらから機能やデザイン、全体的な使用の感想についてフィードバック調査を毎週お送りします。［プロダクトの背景と調査の目的］
> ご興味のある方は、［URL］からご登録ください。追ってこちらからご連絡します。
> 詳細については、調査の［FAQ］を参照するか、［連絡先］にご連絡をお願いします。
> すべての人のためのプロダクトづくりへのご協力に、一同、感謝いたします！

フォーカスグループの開催日やテストの開始日に向けて、定期的にドッグフーダーに開催日が近づいていることを知らせるリマインダーを送り、場所やそのほかに必要な情報、たとえば持ち物などを伝えよう。

› プロダクトチームへのフォローアップ

プロダクトチームのリーダーと定期的に連絡を取り、チームの進捗状況を確認し、共有できる学びを集め、必要に応じてドッグフーディングセッションの

フォローアップを計画する。オースティン・ジョンソンが構成した以下のサンプルをカスタマイズして送ってもいい。

[相手の名前]さん、こんにちは。

順調に進んでいますか？
先日「インクルーシブ・レンズを適用してつくる」考え方のお手伝いをしましたが、その後の状況を確認したく、プロダクトインクルージョンチームを代表してご連絡しました。消費者基盤の統計的な捉え方で何か重要な発見はありましたか？　ドッグフーダーから何か特筆すべきインサイトを得られましたか？
なお、あなたのチームやほかのプロダクトチームの協力をもとに、評価しようとしている指標の一部をお知らせしておきます。
[あなたが追跡している指標（指標については第11章を参照）]
何かご質問があればお問い合わせください。ご連絡をお待ちしております。

それではまた。
[自分の名前]

Googleでは、少なくとも四半期に一度、プロダクトインクルージョンチームからプロダクトチームにメールを送って状況を確認している。その内容は、手助けが必要か、何か興味深いことがないかを尋ねる簡潔なものでも構わないし、自分たちが重視している指標を伝えて、相手のチームにとって重要な指標と、その指標の変化から読み取れるプロダクトインクルージョンに関連した動きを良いものも悪いものも共有してもらうための依頼でもいい。

チームリーダーからメールで回答してもらえば、協力しているチームの状況を常に把握できるし、もっとサポートできる分野が明らかになる。また、このフィードバックによって、チームやプロダクトの進捗状況の測定とベンチマークを行い、プロダクトインクルージョンへのアカウンタビリティ（自身のチームも含めて）を果たすこともできる。

› ドッグフーダー／テスターのフォローアップ

プロダクトチームのリーダーのフォローアップに加えて、ドッグフーダーにも連絡をとり続けること。特に、フォーカスグループやプロダクトテストセッションに最近参加したばかりのドッグフーダーへのフォローアップは重要だ。感謝のメールを送り、提供してくれた時間、労力、専門知識がプロダクトチームや取り組み、関わった／関わっているプロダクトにどれほど良い影響を与えたかを伝えよう。

インクルーシブ・ドッグフーディング／敵対的テストのケーススタディ

Googleのプロダクトチームは、アイデア出しからプロダクト開発、ローンチ直前直後、マーケティングに至るまで、プロダクトづくりの全プロセスにおいて、フォーカスグループやテストによる支援をプロダクトインクルージョンチームに求めてくる。ここでは、インクルージョン・チャンピオンを大いに活用しているプロダクトチームの中から、Owlchemy、Grasshopper、Duo、Project DIVAの4つをケーススタディとして紹介したい。

こうした革新性の高いチームの積極的な取り組みにより、見過ごされてきたユーザーと多数派のユーザーの両方のニーズを満たすプロダクトがつくられた。ケーススタディを読みながら、各チームに次のような特徴があることを確認してみてほしい。

- プロジェクト当初からインクルージョンを考慮している。
- 複数のダイバーシティの次元を捉えている。
- フィードバックに基づいて繰り返し作業を行っている。

› ケーススタディ：Owlchemy

Owlchemy（オウルケミー）は、2017年にGoogleが買収したビデオゲーム開発会社だ。現在Owlchemyチームは、バーチャル・リアリティ（VR）プロダクトやアバターの開発に携わっている。彼らは、取り組み当初から見過ごされてきた層のGooglerに声をかけることで、ユーザーの幅広い違いに対応できる、よりインクルーシブなプロダクトをつくってきた。

それでは、Owlchemyチームが開発した「Vacation Simulator（バケーション・シミュレーター）」を取り上げ、プレイヤーが仮想世界に自分を持ち込むことができるアバターカスタマイザー（Avatar Customizer）システムの詳細を紹介していこう。

すべての人のためのVR　Owlchemy Labsでは、あらゆる活動の中心に「すべての人のためのVR（VR for everyone）」を据えています。すべての人が私たちのつくるゲームをプレイし、楽しみ、自分自身のように感じられるべきというのが、私たちの理念です。

この理念の実現のため、私たちは、すべての人を表現でき、プレイヤーがカスタマイズに好きなだけ時間をかけられ、現実感と親近感のあるアバターシステムの構築をスタートしました。

そして数々のリサーチ、コンサルテーション、そして絶え間なくテスト、テスト、またテストを繰り返して完成したのが、アバターカスタマイザーの緻密かつパワフルな数々のオプションです。

ここでは、私たちの（まだ継続している）取り組みの成果と、すべての人を表現するVRのシステムをつくっていくプロセスの一端をご紹介します。

アバターカスタマイザーには何が必要か？　開発を始めてみて、旅行には自分の姿を見なければできないアクティビティ——目的地に合わせて服を着替えたり、新しい服を鏡に映してチェックしたり、そしてもちろん、自撮りをしたり！——が山のようにあることに気づきました。プレイヤーが自分自身をVRの中に取り込むためには、ゲーム内を浮遊するヘッドセットと「手」で移動して回れるだけではなく、アバターシステムを構築することが不可欠なのは明らかでした。

どんなプロジェクトでもアバターシステムは大がかりなものですが、とりわけこのタスクでは、VR用に開発するということでレイヤーが複雑になっています。技術的なハードルはさておき、プレイヤーが自分のアバターと同化できるような、VRの現実的な存在感と代役としてのはたらきが何よりも重要です。これは、まさにOwlchemyの流儀そのもの！　私たちはこの重大タスクを大喜びで引き受けました。

まず、人の身体的特徴を構成する膨大な数の視覚的要素を検証し、必要不可欠なものを絞り込みました。プレイヤーが自分の外見のコア要素を捉えることで、現実との境目を感じることなく、バーチャルな自分の体でVacation Island中を冒険して回れるようにするのが狙いです。

ゲームを開始すると、アバターをカスタマイズするための親しみやすいインターフェイスが目に入ります――アバターの外見の微妙な調整が可能な、スイッチやダイヤル、ノブがたくさんついた洗面台です。ハンドルで洗面台の高さを調節し、さあ、バーチャルな自分をつくりあげることができます！

アバターカスタマイザーでは、次のようなカスタマイズが可能です。

- **肌の色**　肌の色は最も直接的な個人識別要素であり、ほとんどの人が自分のアイデンティティのコアと考えている。
- **バイザー**　プレイヤーは、瞳の色のかわりにバイザー（目元のシールド）の色をカスタマイズできるようにした（なんと言ってもVRシミュレーションの世界なので！）。バイザーの色を瞳の色に合わせてもいいし、外見のスタイルに合わせて好みのものを選んでもいい。
- **ヘアスタイルとカラー**　カラー、質感、スタイル、さらにヒジャブやシーク教徒のターバンのような宗教的／文化的なアイデンティティ（多くの人にとって重要でコアとなるアイデンティティだ）など、すべての人が自分のアイデンティティを反映したヘアスタイル（ヒゲも！）のオプションを見つけられるようにしたいと考えた。
- **メガネ**　ヘアスタイルと同じで、人によってはメガネも単なるアクセサリーではない――自分自身の一部なのだ！

私たちはこのアバターカスタマイザーを何度も見直し、いくつかのコアな機能だけで本当に現実感のあるアバターをVR内に作成できる強力なツールを目指しました。そして、自分自身をアイコン的に表現するには、全体の姿はシンプルであることが重要だと気づき、最も大きな特徴となる部分だけをオプションで充実させています。

ビーチで自撮りをしているときも……
……ドックショップでお気に入りのアクセサリーを選ぼうとしているときも……
感じてほしいのは……そう、あなたらしさ！

プロセスと留意点　私たちのゲームにおける「すべての人が自分らしく」は、掛け値なしにすべての人を意味します。私たちは、VRにおけるアバターシステムの実装において、より多様性のあるインクルーシブな基準への道を切り開く大きな責任を感じています。これまでのゲームのアバターシステムは、特定のマイノリティグループの期待を裏切ることが多くありました。しかも、不完全なシステムのせいでVR内で誰かを疎外してしまったら、従来のゲーム以上に大きな影響を与えることになります。

誰もが、世の中に自分自身の姿を見ることができ、自分もそこに存在するのは当然だと考えます。それは、バーチャルの世界でも同じです。だからこそ、私たちはアバターシステムのあらゆる点に全力で取り組もうと決意しました。やるべきことがたくさんあるだろうことはわかっていたものの、実際に深掘りし始めるまで、それがここまで膨大とは理解できていませんでした。

まず手始めに、自分たちでできる限りの情報を収集しました。肌の色は、アーティストのアンジェリカ・ダスのHumanae Project[1]とフェンティのファンデーションのラインナップ[2]からヒントを得たものです。

髪の毛については、まず質感から始め、さまざまな美容サイトから髪の毛の質感を表す1～4Cの分類（1：ストレート、2：ウェーブ、3：カーリー、4：コイリーまたはキンキー）〔アンドレ・ウォーカーによって確立されたヘアタイプの分類システム〕を学びました。次に、スタイリング。ここでは、年齢、性別、髪質、主要な文化圏のグループごとに、最も一般的な髪型を調べ、各グループを2～4種類のスタイルで描写しようとしました。

こうしたリサーチだけでも、出だしとしては十分な情報を得ることができ

[1] https://angelicadass.com/photography/humanae/
[2] https://www.fentybeauty.com/face/foundation

ました。けれども、すでにもっていた知識に脈略を加え、どうしても足りない部分を補うには、さらに専門的な知識が必要です。そこで、Googleのプロダクトインクルージョンチーム、私たちの地元で活動する専門家Pretty Brown & Nerdyのメンバー、業界の友人（ラミ、ありがとう！）などの素晴らしいグループに連絡を取りました。そして、どの専門家も、私たちの表現や理解に残る大きな不足箇所をしっかりと見つける力になってくれたのです。こうした外部の協力のおかげで、準備できていなかった年配の女性や長髪の男性のヘアスタイル、イスラム教徒が髪を覆う布の適切な表現、巻き毛やコイリーのヘアスタイルの質感やモデルが不正確であることなどの改善に取り組みました。

中には、ヘアスタイルを表現するために新しい技術の開発を必要とすることもありました。黒人男性のヘアスタイルでは、髪の毛に透明になっていくグラデーションをかけることでフェード感のある見た目を表現する手法を導入し、長髪はプレイヤーの動きに合わせて動いてほしいので、長い毛用に独自の技術を開発してよりリアルな表現を目指しました。またヒジャブについては、新たなアニメーションリグを作成して、ヒジャブが身体に固定されて首の皮膚が見えないようにしています。

些細なことのように思えるかもしれませんが、そうした詳細こそ、誰もが自分が描写されていると感じられるようにするためには重要なのです。Vacation Simulatorのアバターカスタマイザーには、これまでにのべ2,000時間以上の開発時間が費やされ、まさに今もその時間は増え続けているのです！

ありのままの自分でVRを楽しもう！　アバターシステムの豊富な機能とカスタマイズの選択肢、そして現行のシステムに至るまでの舞台裏をご紹介できてうれしく思っています。VRプロジェクトでこれほどの規模の課題に取り組むのはたやすいことではありませんでしたが、私たちは正しいことだと強く感じ、実現を決意していました。なんといっても、すべての人がVRで自分自身になるに値するのですからね！

ローンチされたVacation Simulatorで、プレイヤーが自分のアバターをいったいどのようにカスタマイズするのかを見るのが楽しみです。一息入れ、リラックスして、バケーションを予約する準備をしてください！

コメント　このケーススタディで私がすばらしいと思う点は、Owlchemyがプロダクトインクルージョンを当初から優先していて、プロセスが進んでから不公平さを見つけて修正するのではなく、最初からインクルーシブにつくっているところだ。このチームは、ジェンダー、人種、宗教といった複数のダイバーシティの次元にまたがるインクルージョン・チャンピオンのグループを確保することで、その都度リアルタイムで質問をし、フィードバックを得る仕組みをつくり、それを繰り返し行って、プロダクトをよりインクルーシブなものとした。また、人々の忠実な表現について学び、肌の色から髪の毛の質感など、あらゆるものについてフィードバックを求めた。私は、これこそがチームが機能する理想的な方法だと考える。

ほとんどのプロダクトチームが、何らかのユーザーリサーチやテストを実施する。そのリサーチに多様性のある視点を取り入れても大きな追加投資は要さないうえ、多くの場合、取り入れなかったらプロダクトチームにはとても想像できなかったようなインサイトをもたらしてくれる。インクルーシブリサーチは、創造性とイノベーションを刺激し、これまでアクセスできなかった市場——これまでそのプロダクトに触れたことのない消費者——への道を切り開くことができる。

歴史的に見過ごされてきた消費者とのやりとりを始めれば、ビジネスを成長させる新たなチャンスが見えてくる。つまり、こうしたインクルーシブなグループの存在は、最初から条件を明らかにすることで時間とリソースを節約しているだけでなく、機会を拡大しているのだ。

プロダクトインクルージョンに向けて、まず小さな一歩を踏み出そう。アイデア出しからテストに至るプロダクトデザインのプロセスの中で、少なくともひとつのインクルーシブプラクティスを取り入れると約束してほしい。たとえば、プロダクトデザインのプロセスの最初と中盤では、ふたつのダイバーシティの次元にまたがるフォーカスグループを実施し、最後にはインクルーシブなユーザーテストを実施する、などが考えられる。

プロトタイプや実行可能なプロダクトができる前と後の両方でターゲットユーザーの意見を仰いでも、ユーザーからのフィードバックに基づいて方向転換はまだできるとはいえ、潜在的な課題や懸念をもっと早い段階で軽減することができれば、時間と費用の両面をさらに抑えつつ、よりインクルーシブなプロダクトをつくることができるだろう。

› ケーススタディ：Grasshopper

Grasshopperは、コンピュータでのプログラミングの経験がない大人向けのコーディング学習アプリだ。Grasshopperのミッションは、より多くの人にプログラミングの分野に足を踏み入れてもらうこと。プロダクトチームは、年齢、ジェンダー、社会経済的地位などの違いにかかわらず、誰もが楽しめるアプリケーションをつくりたいと考えた。この目標を達成するため、プロダクトチームが採用したプロダクトインクルージョンのベストプラクティスが次のようなものだ。

- 誰でもコードを書けるようにするために、作業の裏にある「なぜ」を明確にした。
- 歴史的にコンピュータサイエンスの分野で見過ごされてきた人々のことを考え、意図的に彼らのためのプロダクトをつくった。
- アイデア出しからテストまで、全プロセスにインクルーシブデザインを取り入れた。
- アプリ内のレッスンを構築したり機能を変更したりする際に、インクルージョン・チャンピオンのドッグフーディング登録リスト中の有色人種、女性、その他の見過ごされてきたグループの人々からのフィードバックを積極的に募った。
- アプリを簡単に楽しく使えるものにして、より多くの人にプラットフォームを利用してもらった。

Grasshopperは、2018年にAndroidとiOSで初めてローンチされ、公開直後の1カ月で100万人以上にダウンロードされ、利用された。それ以降、その使いやすさと機能性が広く評価されている。あるユーザーはこう話す。「Grasshopperは、何を、誰を、どう見るかに関係なく、誰でもコードを学べることを教えてくれた。新しい世界を開いてくれたんです」。

このケーススタディから得た教訓をいくつか紹介しよう。

- 疎外されている領域を見つけ、プロダクトを構築する対象としたい見過ごされてきたユーザーを特定する。
- 取り組みの「方法」を「理由」に合わせる。歴史的に見過ごされてきたユーザーにサービスを提供することが「理由」なら、「方法」にはそのユーザーをプロセスに巻き込む必要がある。
- インクルーシブデザインの原則と実践を、アイデア出しからテストまでのプロセス全体に取り込む。
- よりインクルーシブな消費者基盤を構築するために、できる限り楽しく、魅力的なプロダクトをデザインする。

ケーススタディ：Google Duo

Google Duoは、最大32人〔2021年7月現在〕での対面通話を可能にするビデオチャット・メッセージングアプリだ。Google Duoの他にGoogle Fiなども開発してきたコンシューマーコミュニケーション・チームは、プロダクト群全体でインクルーシブな構築に取り組んできた。ここ数年は、ディミトリ・プロアノ、サイモン・アースコット、ステファニー・ブードローの3名が、プロダクトインクルージョン・ワーキンググループを率いて、すべての人のために、すべての人でつくるための具体的なアカウンタビリティの手段を実行してきた。コアとなるプロダクトインクルージョン・ワーキンググループに加えて、コンシューマーコミュニケーション・チーム所属のさまざまなGooglerがステップアップし、インクルージョンを念頭に置いたプロダクトづくりを進めてきている。

Google Duoチームは、プロダクトインクルージョンチームから人材獲得の協力を受け、シニア・ユーザーエクスペリエンス・プログラムマネージャーのジョシュ・ファーマンと連携して、さまざまな肌の色のGoogleユーザーを対象としたアプリケーションの低照度補正機能のテストをしていた。そのテスト中に、低照度環境下でのビデオ通話の明瞭度を高めるためのこの機能が、肌の色が濃い一部のユーザーに対して誤作動を起こしていることがわかったのだ。

このチームはプロダクトインクルージョンに関するOKR（目標と主要成果）など、アカウンタビリティのフレームワークをもち、チーム内にはプロダクトインクルージョン・ワーキンググループがあったため、問題を解決するのに適切な人材を招き入れることができた。そしてニクラス・ブームとコナー・ステクラーが、プロダクトインクルージョン・コミュニティで撮影されたビデオを用いて、低照度の検出メカニズムと後処理ソフトウェアの感度を調整した。こうした調整で、誤作動を防ぐと同時に、暗い肌の色に対するカメラの露出も改善された。また、通話中にユーザーが簡単にその機能をオン／オフできるようにもした。最終的に、チームは、すべての人のビデオ通話体験を向上させる機能をローンチするという心躍る結果を収めることができた。

このケーススタディで最も注目すべきは、Duoチームがさまざまな肌の色の人を対象にアプリケーションをテストしていたため、ローンチ前に問題を見つけられたということだ。また、チームにすでにプロダクトインクルージョン・ワーキンググループがあったおかげで、問題が発見されたときにどこに助けを求めればよいかを誰もが知っていた。そしてインクルージョン・チャンピオンの助けを借りて、チームは問題を解決し、すべてにおいてユーザーのニーズに配慮した機能を搭載してプロダクトをローンチすることができた。

あなたのチームでも、誰かが問題や課題を発見したときに、誰もが連絡するべき相手を知っている状態にするように、頼れる人あるいはチャンピオン（またはチャンピオンのチーム）を決めておこう。インクルージョンの課題を解決するためには多くの人がそれぞれの役割を果たす必要があるが、チャンピオンやスペシャリストを決めておけば、問題解決に向けて協力を仰ぐのに適切な人を集めるのが容易になる。

忘れないでほしい。多様性のある視点は、あなたやあなたのチームが想像もしなかったようなインサイトをもたらしてくれる。ユーザーエクスペリエンスを損なうような些細な問題から、見過ごされてきたグループにとっての大きな欠陥まで、解決策は見過ごされてきたユーザーの声に耳を傾け、テストすることだ。Duoチームは、Googleのミッションの「ユニバーサル」な部分に重点を置き、プロダクトを可能な限りユニバーサルにアクセス可能で魅力的なものにするために、地域や肌の色を超えたテストを実施した。

› ケーススタディ：Project DIVA

Project DIVA（DIVersely Assisted）は、Googleのソフトウェアエンジニアであるロレンツォ・カッジョーニが、弟のジョバンニにとってもっとアクセシビリティの高いプロダクトをつくりたいという思いから考案したものだ。ここでは、ロレンツォがProject DIVAの背景を語ってくれる。

私の21歳の弟ジョバンニは、音楽や映画が大好きです。しかし、彼は先天性白内障、ダウン症、ウエスト症候群をもって生まれ、言葉を話すことができません。つまり、音楽や映画を再生したり、停止したりするとき、家族や友人に頼るしかありません。

ジョバンニは長年にわたり、DVD、タブレット、YouTube、Chromecastなど、あらゆるものを使ってエンターテインメントのニーズを満たしてきました。しかし、音声を使った新しいテクノロジーが登場したことで、声やタッチスクリーンを使わなければならないというさまざまな課題も出てきたのです。

そこで私は、音声でコントロールするデバイスでも、弟が誰の助けも借りずに音楽や映画にアクセスできるようにするにはどうすればよいかを考えました。私にとってはそれが、家族が使っているのと同じ技術を使って同じことができるようにして、弟に独立心と自主性をもたせる方法だったのです。

私は、Googleミラノオフィスで働く同僚と共にProject DIVAを立ち上げました。目標は、ジョバンニのような人が、声を使わずにGoogleアシスタントのコマンドを実行できるようにする方法をつくることでした。私たちは、大きなボタンをあごや足で押したり、噛んだりするなど、人々がコマンドを実行するきっかけのさまざまなシナリオや方法を検討しました。そして数カ月かけてさまざまなアプローチについてブレインストーミングを行いながら、さまざまなアクセシビリティやテクノロジー関連のイベントでも発表してフィードバックを得ました。

理論上は、有望そうなアイデアがたくさん出ていました。そうしたアイデアを現実のものにするために、私たちはAlphabet社全体で行われたアクセシビリティ・イノベーション・チャレンジに参加し、プロトタイプをつくって、結果コンテストで優勝しました。私たちが気づいたのは、市販されている多くの補助ボタンには、多くの人が有線のヘッドホンに付けているような3.5mmジャックが付いていることでした。そこで、そのボタンに接続し、ボタンからの信号をGoogleアシスタントへのコマンドに変換するボックスをプロトタイプとしてつくったのです。

プロトタイプからしっかりしたソリューションへと移行するために、私たちはGoogleアシスタントを推進しているチームとの連携を始め、Google I/O 2019でDIVAを発表することになりました。

けれども、本当のテストは、ジョバンニにこれを渡し、実際に使ってみてもらうことでした。ジョバンニが手でボタンに触れると、その信号はGoogleアシスタントに送られるコマンドに変換されます。今では、ジョバンニも私たち家族や友人たちが使っているのと同じデバイスやサービスで音楽を聴くことができるようになり、彼の笑顔は最高にうまくいったことを伝えくれています。

DIVAをターゲットユーザーのために役立つものにするために、ロレンツォと彼のチームがとったステップは次のようなものだった。

- **エクスクルージョンの中にインクルージョンのためのインスピレーションを見つける**　ロレンツォは、弟のジョバンニというひとつのエクスクルージョン(疎外)のケースから、自分のミッションのインスピレーションを得た。そして、プロダクトのユーザビリティの問題に直面しているほかの人々へもそのミッションを広げていった。
- **ターゲット層からのフィードバックを早くかつ頻繁に得る**　ロレンツォたちのチームは、まず1人のユーザーのケースから手を付け、続いてほかの人からのフィードバックを得ることで、ジョバンニをはじめとする人々が自立してテクノロジーを使えるようにした。人が自分自身で何かができるようになること、テクノロジーを活用して生活を豊かにすることに、誰もが協力できる。それをこのチームは、テストを行い、フィードバックを受けることで実現した。

- **業界のイベントに参加して別の視点を得る** ロレンツォたちのチームは、専門的な会議に出席してフィードバックを求めた。これは、多様性のある視点を持つ人々と共にアイデアをテストするうえで、非常に効果的かつコストのかからない方法だ。

ユーザーからのフィードバックを得るために、膨大なリソースを費やす必要などないことを覚えておこう。定期的に開催される集まりに参加したり、コワーキングスペースでほかの人と交流したり、業界や専門家のイベントに参加したりすることで、貴重なフィードバックが得られる。どこでも、どんなかたちであっても、可能な限りチームの外からのフィードバックを求めよう。そうした方法は、プロダクトデザインのプロセスが進みすぎる前に、自分たちの仮説を検証し、特定の層にとって重要な課題を解決するうえでも非常に役に立つ。

CHAPTER

10

—

マーケティングを もっとインクルーシブに

私たちが定義するプロダクトインクルージョンは、アイデア出しからマーケティングまでのすべてをカバーするものだ。結局のところ、プロダクトやサービスが成功するかどうかはできるだけ多くの消費者にそれを届ける力が組織にあるかどうかにかかっており、さまざまな違いがあったとしても、必要なのは本物のつながりと価値だ。

プロダクトやサービスの成功には、マーケティングが重要な役割を果たす。もし、マーケティング活動が歴史的に見過ごされてきた消費者の心に響かなければ、プロダクトはネガティブな口コミ、売上の減少、流通量の頭打ちといった代償を払うことになるだろう。組織の選ぶ道はいずれかひとつだ。ユーザーのダイバーシティを反映してマーケティングをインクルーシブにするか、ひとつの層に焦点を絞った取り組みでエクスクルーシブ（排他的）にするか。

マーケティングは、これまでの章で述べてきたことの集大成――アイデア出し、ユーザーエクスペリエンス・デザイン、ユーザーテストを通して組み込まれてきたインクルーシブプラクティスの延長――とする必要がある。マーケティングは、プロダクト自体に組み込まれた多様性のある視点を反映すべきもの。決してエクスクルーシブなプロダクトのためのインクルーシブな広告であってはならない。

では、何がマーケティングの共鳴を生みだすのだろうか？　3つの要素を見ていこう。

- **人**　組織がブランド全体で多様性のあるレプリゼンテーションをもっていれば、より多くの人が自分もプロダクトの対象者に含まれ、歓迎されていると感じ、購入したり触れたりすることに前向きになるだろう。
- **プロダクト**　プロダクトには、個々人の違いに対応するための配慮が反映されていなければならない。見過ごされてきたコミュニティの人々は、自分たちのことを念頭に置いてデザインされていないプロダクトの、マーケティングにおける嘘をすぐに見抜くだろう。
- **ストーリー**　ストーリーは重要だ。人はつながりを感じたいと思っているものであり、それが経験の中心にある。中心にあるのが人と人とのつながりなのだ。プロダクトはそのつながりを促し、豊かにする。

結局のところ、大切なのはストーリーだ。そしてプロダクトであり、人々だ。この3つの要素を融合させ、インクルーシブに実行すれば、そこにマーケティングの魔法が起こる。

この章では、Googleのインクルーシブマーケティングを推進する主な原則を説明し、さまざまなマーケティングメディアでの事例を紹介していく。

インクルーシブマーケティングのガイドライン

Googleでは、世界中の何十億人ものユーザーのためにプロダクトを開発していて、私たちは自分たちが語るストーリーの中で、すべての人が自分自身を肯定的に表現されていると感じ取れるようにすることに大きな責任を感じている。そしてそのミッションに基づいて、インクルーシブマーケティングに取り組んでいる。私たちは、ユーザー基盤と同じようにストーリーもできる限り広い範囲を対象とし、人々にとってリアルに感じられるストーリーを伝えるとともに、多くの人々が自分たちとは大きく異なるバックグラウンドや経験をもっていることを私たちが理解していると示している。

私たちのマーケティングチームは、これを「多文化マーケティング」とは考えていない。私たちにとっては、この多文化の世界における当たり前のマーケティングだからだ。GoogleのCMO（最高マーケティング責任者）ロレイン・トゥーヒルは、「私たちはすべての答えを持っているわけではありません。私たちはインクルーシブ・マーケターになるための旅の途中であり、その道のりはまだ長いのです」と言ってきた。この旅を全員で共に進めていくためにロレインは次のような学びを共有し、それが私たちの取り組みの指針となっている。

- **自分を取り巻く世界を反映したチームをつくる**　クリエイティブなプロセスの最初から最後まで、多様性のある視点を組み込む。そしてそれをチーム全員が正しく理解し、またインクルージョンを思考に欠かせないものと認識する。並行して、インクルージョンに関心があり、取り組みに多様性のある視点をもたらしてくれるパートナーや代理店と協力する。心理的に安全な環境を整え、誰もが自由に発言できるようにする。
- **多様性のあるストーリーをヒーローに**　個人とチームで、マーケティングのあらゆる部分ひとつひとつにおいて、さまざまなグループや経験をヒーローにしてみよう。自分が貢献している一連の取り組みについて検討し、それをユーザーと彼らの経験の多面性をもっと表現する機会だと捉えよう。
- **本物で共感できるストーリーテリングに努める**　できる限り本当のストーリーを語ろう。架空の場合は、ユーザーやカルチャーへの深いインサイトに基づいて行う。ミッションは、すべてのユーザーにとって真実味のあるストーリーを語ることだ。真実味と共感が鍵となるので、正しい理解を得るためにインサイトとテストに頼ろう。
- **固定観念に挑む**　一般的な先入観や固定観念に直に挑むようなポジティブな描写を追求しよう。ロレインが言うように、「厨房に女性はもういりません!」。固定観念に挑みかかる多様性のある視点を持ち込み、固定観念にとらわれない、真の意味での多面的な描写を目指そう。それを実現する最も良い方法のひとつが、人々が日常で撮影したリアルな映像を使うことだ。
- **考えるのはキャスティングだけではない**　見過ごされてきたグループをキャスティングするだけでは不十分。彼らの経験がクリエイティブな描写のあらゆる面に見られるようにしよう。考慮すべきは、ストーリー、設定、音楽、ナレーション、家族の絆、衣装、食べ物、プロダクトの描写など。また、編集者、プロデューサー、ディレクター、共同制作者といった、カメラの後ろにいる人たちのことも忘れないように。彼らの存在によってできあがりがまったく別物になることも少なくない。

- **ブランドの役割を理解する**　伝えようとしているストーリーにまつわる文化的、ブランド的な背景を知り、ブランドが確実かつ積極的に会話に参加できていることを確かめよう。インクルーシブマーケティングはブランドの根源的なコミットメントであり、PRの機会ではではない。つまり、ブランドがヒーローになるべきではないのだ。
- **自分に責任をもつ**　自分の仕事を長期的に追跡し、精査して自分に責任をもつ。Googleでは、機械学習と手作業によるレビューを組み合わせて進捗状況を確認している。この方法によって、インクルージョンについてのチームの考え方を形成し続ける新たな知見が明らかになった。たとえば最近精査した結果では、Googleの米国での広告は、登場人物の23%が黒人だったが、人種の異なるカップルの数は不均衡でほとんどが明るい肌をもつ人であること、ダンスや音楽、スポーツなどでは固定観念どおりの役柄を演じていることがわかった。このようなインサイトを得たことで、今後に向けての改善計画を立てることができた。

こうしたガイドラインは、すべてのマーケターがどのように考え、仕事に取り組むべきかの枠組みづくりに役立つ。

Googleのインクルーシブマーケティング・コンサルタント・タスクフォース

プロダクトインクルージョンチームに所属していた頃、インクルーシブマーケティング・コンサルタント・タスクフォースの設立に関わる機会があった。このグループは、見過ごされてきたバックグラウンドを持つ60人（そして増加中!）のマーケターから成り、マーケティングチームの多くのキャンペーンを――それが世に出る前に――インクルージョンの観点からレビューしている。このグループは、Googleブランドスタジオのディレクターであるシェリス・トレスがエグゼクティブ・スポンサーを務め、チームを正しい方向に導き、マーケティング・キャンペーンにバイアスが入り込むのを未然に防いでいる。

初期の結果から、早くからかつ頻繁に関わることで、私たちを取り巻く世界をより正確に表現したクリエイティブな成果が生みだせることがわかった。現在、彼らのレビューの対象をすべてのキャンペーンへと拡大するために取り組んでいる。

ロレインのチームは、多大な時間と労力、専門知識を費やして、インクルーシブの原則とプラクティスを確立してきた。ロレインのチームのメンバーとしてマーケティング組織全体のインクルーシブプラクティスを率いている、ブランドマーケティング・マネージャーのラファエル・ディアロと一緒に仕事をし、学ぶ機会に私は恵まれた。ラファエルに任されているのは、組織全体で取り組むことのできるプラクティスとその実施方法を生みだすことだ。彼は公正さを体現した人物で、チームの取り組みの原動力となっているインクルーシブの原則に情熱を注いでいる。

私たちは世界から注目されている。その状況を賢く使おう。

――ラファエル・ディアロ
(ブランドマーケティング・マネージャー)

「映画を観るのは一度きりかもしれないけど、
広告は40回は見るでしょう」

―― エヴァ・ロンゴリア　ADCOLOR 2019にて

誰かを見過ごしたままの表現や固定観念は有害です。無意識のバイアス、積極的なバイアス、子供や若者の自信のなさにつながりかねません。

私たちには、メディアの現況に積極的に貢献していく責任があります。

個人的には、それが理由で広告におけるインクルージョンに関心をもっています。どんなブランドも、自分たちのクリエイティブの産物が、世界を少しずつでもより良い場所にしていくことができるように努めなければなりません。それはつまり、クリエイティブな選択をするたびにインクルージョンを考慮するということにほかなりません。そうしなければ、知らず知らずのうちにユーザーを排除してしまうからです。

数年前までは、このような見解はあまり重視されていませんでした。そして私たちのチームは、自分たちのマーケティングが期待外れだという話をよく耳にしていました。たとえば、プロダクトの写真に暗い色の肌をもつ人の姿がなかったり、ステージで男女の数が同等でなかったりといった話です。けれども、制作物における表現や描写を徹底的に調査するまで、改善が必要な点に気づいていませんでした。

このデータから、私たちはそうした問題に取り組むためのリソースと体制の構築を迫られました。そしてリサーチに基づいたガイドラインやワークショップ、インクルーシブマーケティング・コンサルタントのタスクフォースをマーケター向けに展開しました。また、そうしたリソースをGooglerに活用してもらうため、社内での啓発キャンペーンも立ち上げました。

今も継続して制作物を定期的に点検して、進捗状況を確認しています。ただ結局のところ、ガイドラインやワークショップへの参加率を高めることができたとしても、その取り組みの結果が成果品から見て取れなければ成功とは言えません。

インクルーシブマーケティングは、単純に確認欄にチェックを入れるだけの作業ではありません。けれども、より適切な方針と本物のクリエイティブの成果を通して、新しいユーザーにリーチする——また既存のユーザーとの関係を深める——チャンスでもあります。さらにはその過程で、有害な固定観念を排除し、歴史的に見過ごされてきた人々を描くことで、メディアの現況に対してポジティブな貢献をするチャンスにもなるのです。

› すべてのマーケティング活動へとインクルージョンを拡大する

プロダクトインクルージョンをマーケティングに組み込む際は、それをすべてのマーケティング活動へと拡大していこう。ブログへの投稿からイベントのスポンサー、さらにはグローバルキャンペーンの展開まで、あらゆる活動にインクルーシブな思考を浸透させたいものだ。

そうしたときに、偽りのない本物であることは不可欠であり、それは組織全体でのダイバーシティとインクルージョンの推進から始まることを心に留めておこう。見過ごされてきたコミュニティの人々を本当に気に掛けているのであれば、そうしたコミュニティのメンバーを雇用し、パートナーにするチャンスをつくり、成功を分かち合うはずだ。

イベントを運営するにせよ、コマーシャルを制作するにせよ、あるいはブランドのストーリーをつくるチームの一員であるにせよ、多様性のある視点を前面に押し出せば、すべてのユーザーが支持でき、また支持したくなるような、強力でまとまったストーリーをつくることができる。

グローバルな視点を持つ

──マリア・クララ
（Googleヘッド・オブ・サーチブランドマーケティング）

本書の冒頭に掲載されているジョー・ガースタントの言葉は、私たちが近年、ブラジルのさまざまなGoogleマーケティングチームと始めた仕事に大いに当てはまります。私たちは、コミュニケーションにおけるブラジル人のレプリゼンテーションを高めるために、いくつかの大切なステップを踏む必要があることに気づいていました。さらに、マーケティング担当者の目の前にはダイバーシティを効果的に盛り込んだ広告キャンペーンを制作する機会があることを突きつける最近の調査により、その必要性はいっそう明確になりました。

より多くの人々にとって、プロダクトをもっとアクセシビリティの高いものにするために精力を注ぐのならば、プロダクトに関連する外部とのコミュニケーションが重要なことはわかります。コミュニケーションによって特定のグループの存在を示すことができれば、ずっと疎外されてきた人たちの声を高めることができます。そしてそこに、ブランドの強みがあります。現状の再考を促し、固定観念を打ち破り、私たちの社会のもつ有害なパターンにポジティブな光を当てるようなキャンペーンを考える強みです。けれども、この旅はどこから始まるのでしょうか？

Googleのような規模の企業では、グローバルな価値観を堅く守りつつも、各地域の現実にも目を向けることが求められます。

私たちが最初に行ったのは、チーム編成に関連して、社内にあるチャンスを見つけ出すことでした。特に強く考えていたのは、黒人女性の声をもっと取り入れたいという点でした。そしてそのためには、学者からインフルエンサー（社内の従業員リソースグループのひとつであるAfroGooglersの集まりなど、社内外の人々）まで、専門家の意見を聞く必要があるだろうと考えました。また私たちは、自分がもっている無意識のバイアスを見通す力をつけたいと思い、いくつかのリサーチ手法を活用して、私たちの国の状況ではどの程度インクルーシビティを高める必要があるのかを把握しました。そして最後の3つ目のステップは、チームの内外の関係者を巻き込んでのオープンな対話でした。

私たちは、自分たちの専門分野での現状を理解するために、黒人女性を対象としたリサーチを実施しました。自分たちの制作した映像だけでなく、黒人女性をストーリーに登場させようという意図が見られる、さまざまな業界から集めた70以上の広告を評価したのです。

その結果は火を見るより明らかでした。インタビューした黒人女性たちの答えは、どのブランドのレプリゼンテーションにも自分たちの存在は感じられない。ただし一部の美容ブランドは例外で、商業的な理由から、そうした路線の修正が重要だとすでに理解しているように思える、というものだったのです。

Googleのような規模の企業における、グローバルな価値観をローカルに導入することの難しさについて先ほど述べましたが、一方で多くのメリットがあるというのも重要な点です。おそらく最大のメリットは、驚異的なスピードで学びを生み、それを互いに共有し続けている巨大なエコシステムの中にいることでしょう。そして、その共有が、ダイバーシティ&インクルージョンの取り組みを推進するうえでは重要なポイントになることもわかりました。

調査結果：
私たちの活動の結果、
Googleの黒人の間での成長率は、認知度＋12pt（ポイント）、好感度

＋6pt、支持率＋7pt（18年下半期 vs 19年上半期）
Googleは「さまざまな人々や文化を大切にし、描きだすブランド」という認識の高まり＋9pt、「固定観念を強化しない」も＋6pt。

どんなブランドも、すべてを単独で処理することはできません。サプライヤーやパートナーを巻き込み、彼らから学ぶことなしには、市場に需要を生みだし、実際に変化を起こすことはできないのです。

CHAPTER

11

プロダクトインクルージョンのパフォーマンス測定

プロダクトインクルージョンを業務に取り入れる際には、その効果を測定する方法を見つけなければならない。そうすれば、チームのパフォーマンスや目標への進捗状況を把握することができる。ビジネスにおいてはパフォーマンスの評価に定量化可能な測定値である「指標」を用いて、達成状況を追跡、モニタリングあるいは評価し、改善が必要な部分を特定する。

プロダクトインクルージョンを始めるにあたってチームが直面しがちな課題のひとつが、どの指標が重要であるかの決定や合意だ。プロダクトのデザイン・開発プロセスにおける成功と失敗を測る指標はいくつもある。プロセス中には測定が特に困難なポイントもあり、また何を測定するかは時間とともに変化する可能性もあるものの、まずは出発点となる指標を確立しておく必要がある。

本章では、プロダクトインクルージョンのパフォーマンスや進捗状況を測るための主要な指標をいくつか紹介する。すぐにそのまま使用することも、チームや組織が進捗状況を測定、追跡するための仕組みを考える際のきっかけとして用いることも可能だ。決められた指標をしっかりとモニタリングし、分析することで、チームや組織が軌道から外れていないことが確認できるし、全員が目標達成に向けてモチベーションを高められる。

パフォーマンス測定の基礎知識

パフォーマンスの測定は、単に指標を設定して終わりではない。指標が目的に合致していること、チームの全員がその指標を把握していること、そして継続的に測定を行い、その結果を追跡し、改善に活用できていることを確認する必要がある。継続的な改善を進めるために指標を最大限活用するには、以下のアドバイスに沿って進めてみよう。

- 最初に目標を定義しよう（第6章参照）。指標は目標と密接に結びついているため、指標を選択する前に、チームや組織がプロダクトのインクルージョンの観点から何を達成しようとしているかを確認しよう。リーダーシップのコミットメントや従業員の関与を一定の数や割合で増加させることだろうか、あるいは、あるプロダクトを使いやすくして特定の層のユーザーにアピールすることだろうか。
- パフォーマンスや特定の目標達成に向けた進捗状況を定量的に測定できる指標を選択しよう。指標は数値で示せるものでなければならない。
- それぞれの指標が明確で、実用的なものであることを確認しよう。つまり、指標が改善の必要性を示していたときに、結果を改善するための手順をとることができるものとする。興味深い指標だからといって、変化につながらないものを測定しては意味がない。実用的な指標の例としては、ユーザー満足度の一定の割合での向上などが挙げられる。プロダクトの販売が目的であれば、Webサイトへの新規訪問者数が10万人になったというようなものはあまり実用的ではない。それよりも知りたいのは、サイトへの滞在時間、直帰率、カゴ落ち率など、サイトを訪れた人が「なぜ」プロダクトを購入した、あるいはしなかったのかを知るための指標だ。
- 確実にチームの全員が目標と指標を認識しているようにしよう。自分の業務がどのように評価されているかを知ったり、進捗を把握したりすることができれば、仕事に取り組んだり、うまくいかないことを排除したり、日々の業務にインクルーシブ・レンズを積極的に適用したりうえでの力や励みになる。

- 各指標の測定方法を明確にしよう。自動的にデータ収集がされて、測定対象となる取り組みの妨げにならないような方法にできれば理想的だが、組織内の人がデータを報告したり、調査票を記入したりしなければならない指標もある。
- 毎週、毎月、四半期ごとなど、測定と結果検証の頻度を設定しよう。Googleのプロダクトインクルージョンチームでは、ほとんどの指標を少なくとも四半期に1回は確認したいと考えており、そのため目標達成のための期日までに方向転換する時間があるが、これは取り組んでいる業務や目標によってまちまちだ。
- イニシアチブを実行する前、あるいはプロダクトインクルージョンをプロセスに組み込む前に測定を行い、比較のための基準を決定しておこう。さもなければ、取り組みが結果にどう影響したかを測定する術がない。
- データ収集・分析し、チームに報告するのは誰かを決定しよう。本部のアナリストグループが組織全体の指標を収集・分析するのか、各チームそれぞれが指標に責任をもつか？　誰がデータを収集し、そのデータを分析し、チームに報告するのかを決定する。各チームの特定の人を責任者として決めているか？　本部と各チームの両方に指標がある場合は、それらをとりまとめたうえで、全体としてまとまった報告をつくる方法を見つけよう。

ここで提案した手順に従って進めれば、ポジティブな変化を促すために最大の効果を上げる指標の使い方ができる。また、人々に力と参加しようというモチベーションをもたらすプロセスを促進できる。指標を適切に活用すれば、誰もが明確に定義された目標に焦点を絞り、進捗状況を確認し、自分の決定とアクションとが結果に与える影響を見いだすことが可能になる。人々に仕事の重要性や、それが組織やサービスを受けている顧客の成功に役立っていることを示して、励まし、惹きつける素晴らしいツール、それがこうした指標だ。

適切なパフォーマンス・指標の選択

良いチームには「重視する指標」がある。優れたチームは、指標の一部を見過ごされてきたユーザーに焦点を絞ったものとし、すべての指標がユーザーのニーズや好み、そして組織のビジネス目標へとつながり反映できるようになっている。

まず勧めたいのは、あなたもすでに使用しているかもしれない指標からスタートし、それを可能な限り、組織やチームのプロダクトインクルージョンの目標に関連したパフォーマンスの測定に適合させることだ。続いて、私たちのチームがGoogleでプロダクトインクルージョンのパフォーマンスやほかのチームのパフォーマンスを測定、追跡するために使用している指標を紹介していく。

指標のニーズを評価する

自分のチームや組織にプロダクトインクルージョンの指標を追加する前に、すでに実施している指標を調べてみよう。指標は、そのまま使用しても、プロダクトインクルージョンの目標に合わせて変更してもいい。すでに追跡中の指標について検討する際には、以下の質問をもとに修正して利用できるかどうかを判断し、どこに追加の指標が必要なのかを特定しよう。

- プロダクトやサービスのパフォーマンス、そのプロダクトやサービスを構築または改善するために使用されるプロセスやプラクティスの変更による影響、またはプロダクトインクルージョン・イニシアチブの進捗状況を評価するために、現在使用している指標は?
- 既存の指標では、多数派ではないユーザーのニーズや抱いている印象(センチメント)を具体的に把握できるか?(ユーザーのニーズやセンチメントを追跡する指標はおそらくあるだろうが、それが見過ごされてきたユーザーのニーズに特化しているかを確認しよう)
- 現在使用している指標に、何らかのインクルーシブ・レンズを適用する方法はあるか? たとえば、社会経済的地位に基づいてユーザーのセンチメントをすでに追跡しているのであれば、それを地域別のものに拡張し、急成長地域のユーザーがプロダクトについてどう考えているかを評価したり、現状では追っていない一定の収入区分未満のユーザーまで含めるように対象を広げたりすることが考えられる。

- あなたの組織、チーム、プロセス、またはプロダクトにとっての「見過ごされてきたユーザー」とは？　その意味は、業界、プロダクト、ターゲット層、その他の要因によって変わってくるだろう。テクノロジー分野での見過ごされてきたユーザーは、まさに始めようとしている人かもしれない。一方、食品業界では、特定の食物不耐性やアレルギーをもつ人、あるいは特定の食物を定期的に入手できない人に相当するかもしれない。
- 見過ごされてきたユーザーのニーズやセンチメントを把握していないのはなぜ？　自分たちにとっての見過ごされてきたユーザーとは誰かが明確にわからない場合は、複数の属性にまたがるフォーカスグループの実施を検討しよう。その上で、より狭い層のユーザーでのフォーカスグループを追加で実施することで、そのニーズやセンチメントへと近づくことができる。

こうした指標の評価、既存の指標の修正、使用する指標の決定というプロセスの間に、最終的に決定する指標一式について、すべてのステークホルダーと意思決定者との間でコンセンサスが得られていることを確認しておく。比較的短期間で意見を集め、コンセンサスを得る際に大きな手立てとなるもののひとつが、インクルージョンの指標に絞ったデザインスプリントの実行だ。プロダクトデザインスプリントの詳細については、第8章を参照してほしい。

指標の分類

使用する指標を決定する際には、そのさまざまな分類やグループについて考えてみるのが有効だ。私たちのチームは、指標をいくつかの区分に分類し、目的や機能の観点からよりよく理解できるようにしている。分類する方法のひとつとして使っているのが、社会化指標とプロダクトインクルージョン（PI）指標という区分だ。

- **社会化指標**は、組織全体のダイバーシティとインクルージョンに対する意識と参加に関する進捗状況を把握するために用いている測定値だ。

以下に社会化指標の例を挙げる。

- プロダクトインクルージョンに取り組むリーダーの数
- ダイバーシティ&インクルージョンのOKRをもつプロダクトエリアやビジネスユニットの数
- プロダクトインクルージョンをサポートするために活動するボランティアの数

- **プロダクトインクルージョン(PI)指標**は、プロダクトインクルージョンがプロダクトチームの活動にどの程度組み込まれているかといった進捗状況や、その取り組みによる成果を把握するためのもの。以下はプロダクトインクルージョン指標の例だ。
  - チームのレプリゼンテーションのダイバーシティ
  - プロダクトやサービスを購入したり利用したりするユーザーの数
  - ユーザーからのネガティブな体験報告やエスカレーションの数や頻度

指標を分類するもうひとつの方法は、インプット指標とアウトプット指標に分けることだ。

- **インプット指標**は、望ましい成果を生みだすために必要なリソースを追跡するもの。たとえば、先月のイベントには300人のボランティアが参加した、というような指標のこと。

- **アウトプット指標**は、与えられたインプットから得られる結果を反映する。たとえば、イベントの1カ月後、組織内の人々の間でプロダクトインクルージョン・ダッシュボードの使用が30%増加した、というような指標のこと。

なお、あるチームのアウトプット指標が、別のチームのインプット指標になることもある。たとえば、私たちプロダクトインクルージョンチームの焦点の一部は、組織全体のダイバーシティ&インクルージョンに対する意識向上と採用の増加という、より広範な社会化目標にある。そんな私たちにとって、インプット指標は、ある四半期にさまざまなチームと行ったミーティングの回数であり、アウトプット指標は、多彩なプログラムを通して数多くの声を届けたことによる、プロダクトのデザインプロセス全体のレプリゼンテーションの動きかもしれない。一方で、プロダクトチームの場合は、チーム内でのレプリゼンテーションのダイバーシティがインプット指標となり、アウトプット指標は、新バージョンのプロダクトに取り入れられたイノベーションの数や、プロダクトのリリース後の最初の3カ月間のプロダクトの販売量となるだろう。

› 採用する指標の検討

ここでは、組織、ビジネスユニット、プロダクトエリア、またはプロダクトチームが、パフォーマンスや進捗状況の追跡にあたって使用を検討できる指標を紹介する。どんなチームも、インプットとアウトプットの両方の指標を追跡し、インプット（人、プロセス、プラクティス）の変化がアウトプット（プロダクトの機能、ユーザーエンゲージメント、ネガティブフィードバックなど）に与える影響を評価しなければならない。

インプット指標　プロダクトやサービスをよりインクルーシブにするために、ビジネスユニット、プロダクトエリア、またはプロダクトチームが、人材、プロセス、またはプラクティスに変更を加えた場合、それを追跡するために使用できそうなインプット指標には次のようなものがある。

- **プロダクトインクルージョンに取り組むリーダーの数**　ここでの「取り組む」とは、チームや仲間と話し合い、目標を設定し、指標を定め、インクルーシブなプロセスを開発し、多様性のある視点を代表する人々とも話し合うことを意味する。
- **ダイバーシティ&インクルージョンのOKRをもつプロダクトエリアまたはビジネスユニットの数**　Googleでは、すべてのプロダクトエリアとビジネスユニットがOKRを採用している。プロダクトインクルージョンに関するOKRがあるということは、このプロダクトインクルージョンという取り組みをビジネスのコアとして優先させる最初の一歩を踏み出したということを意味している。

- **プロダクトインクルージョンに従事するために集められたプロダクトエリア、ビジネスユニット、あるいはチームごとの従業員数**　人数自体は進捗の指標にはならないものの、その数が時間の経過とともにどのように変化するかは重要だ。大幅な増加は、勢いが増していることや、この取り組みを重視し、前進させようとする人々の急速な盛り上がりを示しているかもしれない。
- **チームのレプリゼンテーション**　チームメンバーのダイバーシティは、チームが生みだすプロダクトがインクルーシブであるかどうかに影響を与えるため、各チーム（特にプロダクトチーム、リサーチチーム、マーケティングチーム）のレプリゼンテーションのダイバーシティに注目することで、この指標の変化がプロダクトや、そのプロダクトに関するユーザーのエンゲージメントやセンチメントにどのような影響を与えるかについての貴重なインサイトを得ることができる。
- **プロダクトインクルージョンをサポートするために活動するボランティアの数**　プロダクトインクルージョンをサポートし、アイデア出し、デザイン、テストに時間と専門知識を投じるボランティアの数は、プロダクトをよりインクルーシブにすることにとても大きな影響を及ぼす。
- **予算**　トレーニングやツールへの投資、リーダーや従業員を見過ごされてきたグループに触れさせる活動（外国への出張旅行など）にかける金額は、プロダクトインクルージョン・イニシアチブの成功を予測する因子となるかもしれない。

アウトプット指標　アウトプット指標は、インプットの変化によって生じた結果を評価するために使用される。一般的に最も注目される指標であり、チームが良い方向に向かっているか、どの程度、どのくらいのペースで進んでいるかを示す。業界やプロダクトによって異なるが、一般的には以下のようなアウトプット指標がある。

- **ユーザーエンゲージメントまたはユーザー総数**　プロダクトを改良し、より多くの消費者層にとって魅力的なものにするためにインプットを変化させているとすれば、プロダクトを購入または使用する人の数は、サービスを提供しようとしている見過ごされてきた人々の間で特に増加するはずだ。

- **コンバージョン**　コンバージョン率は、プロダクトのデザイン、開発、テスト、およびマーケティングのプロセス全体において、より多様性のある、インクルーシブな取り組みの交差を示すことができる。いくつかの要因が単独あるいは複数組み合わさって、この数値を上下させる。
- **顧客満足度／ブランドロイヤルティ**　プロダクトの改善は、顧客満足度とブランドロイヤルティの向上につながるものであり、特に、組織が多様性のあるユーザーのニーズに敏感であることを示すプロダクトやマーケティングで、その傾向が顕著だ。
- **ネガティブなユーザーエクスペリエンスレポート／エスカレーションの数または頻度**　ユーザー数の増加との組み合わせで見られる、否定的なユーザーフィードバックの数または頻度の減少は、プロダクトの品質と魅力が、より多様性のある人々に対して向上していることを示す良い兆候だ。この指標はコンテンツにも適用できて、たとえば読者がコンテンツを不快に感じているかどうかを（読者のフィードバックを通じて）示すことができる。
- **ダイバーシティ／インクルージョンに関連するイノベーション、新機能の数と質**　プロダクトのデザイン・開発プロセスにおいてダイバーシティ&インクルージョンを向上させれば、歴史的に見過ごされてきた人々の満たされていないニーズに応えるために特別に追加された革新的な新機能の数と質が増加するはずだ。

従業員満足度の重要性を認識する

——トマス・フライヤー
（ラテンアメリカ系ERGコミュニティアドバイザー、元プロダクト・インクルージョン・アナリティクス・リードで指標の開発に協力）

プロダクトインクルージョンが私たちのコミュニティに向けて発しているメッセージは、企業は私たちをチームに迎え入れる必要がある、というものです。ユニークなバックグラウンドによって、私たちの意見は企業が成功するうえで非常に価値あるものになっています。インクルージョ

ンについて語るとき、さまざまなグループの人たちがいかに自分も仲間であるように感じられるか、さらにほかの人と似ている点ではなくユニークさが評価されていると感じられているか、という2本の柱に私たちは注目します。見過ごされてきたコミュニティに属するGooglerたちが、自分たちの持つ違いがそのユニークさから生まれる貢献によってどのように評価されているかを理解し始めたときに、どんなに自分も受け入れられていると感じられるようになるか。ラテンアメリカ系従業員リソースグループ（ERG）のコミュニティアドバイザーの私には、それがよくわかります。今や文化的な違いが、彼らをユニークにし、極めて高く評価されているのです。

それに加えて、私たちは自分に関係のあるプロダクトを求めています。私だって、自分のアクセントを理解し、サッカーに関するあらゆる質問に毎日毎日答えてくれるスマートスピーカーが欲しいんです！

Googleアシスタントチームは、ローンチ前に、プロダクトインクルージョンを本当の意味で取り入れていました。最初から、インクルーシブに構築しようと注力していたのです。現在、ラテンアメリカ系コミュニティは、米国人口の約18%、米国の人口増加の半分を占めています。米国内の労働力増加の74%がラテンアメリカ系コミュニティによるものです。さらに、新技術のアーリーアダプターはたいてい若い人たちですが、ラテンアメリカ系住民の半数以上は33歳以下であり、30秒ごとに2人の非ヒスパニック系住民が定年退職を迎える一方で1人のヒスパニック系住民が18歳になっています[1]。

このコミュニティが重要であることから、Googleアシスタントチームは、プロダクト開発プロセス全体、特にテスト段階において、ヒスパニック系／ラテンアメリカ系の声を多く取り入れました。その結果、スペイン語が選択肢に加わっただけでなく、さまざまなアクセントを処理できるようになり、よりインクルーシブなプロダクトとなりました。今では、Googleアシスタントは私のことをとてもよく理解してくれるようになりました。

---

[1] ピュー・リサーチ・センター

指標を目標とタイムラインに結びつける

期限のない目標はただの夢だと言われてきた。使う指標ごとに、その指標を目的やマイルストーンを設定したタイムラインと結びつけて、あなたとあなたのチームが集中し、軌道に乗って進むようにしよう。表11.1のような表の作成を検討してみてほしい。

私たちは、何が重要で、何について全員が合意したのかに常に立ち戻れる手軽な確認ツールとしてこの表を作成した（表11.1に示すのはその一部）。この表は、私たちに進路を示す北極星のようなもので、ほかの指標や何かに注意を反らされてコースから外れないようにしてくれる。

図11-1 ▸ 指標を目標とスケジュールに結びつける。

ゴール／目標	指標	タイムライン
リーダーが気づきからアクションに移る割合がXX%増加	プロダクトインクルージョンのアカウンタビリティのフレームワーク（OKRなど）を導入したリーダーの数	アカウンタビリティのフレームワークを第2四半期までに提出し、年末までにアクションに移る
プロダクトデザインの実施に関連する従業員の感情がXX%増加	プロダクトインクルージョンの取り組みに肯定的な反応を示した従業員の割合	第2四半期末までに測定して基準値を設定、半年ごとに測定し年末を目標の期限とする
歴史的に見過ごされてきたユーザーに対する従業員との協力関係をXX%増加させる	プロダクトインクルージョンに関する実行可能なコミットメントを少なくともひとつ持つ従業員の数	第2四半期末までに第1フェーズ、年末までに第2フェーズを実施し、実施後は四半期ごとに測定、翌年の第2四半期末までに目標を達成する
プロダクトチームのXX%まで、見過ごされてきたチームメンバーのレプリゼンテーションを増やす	プロダクトのデザイン、開発、テストにおいて、プロダクトチームに参加している見過ごされてきたユーザーを反映したチームメンバーおよびボランティアの数	第4四半期末までに測定してベースラインを確立し、翌年の第4四半期に目標を達成する

こうした指標を定期的にチェックすることで、社内のトップダウンとボトムアップ（リーダーとGooglerから）の両方で、エンゲージメントが継続的に向上していることが確認できた。第4章で説明した同意をとるための方法と組み合わせれば、取り組みの結果、勢いが増すのがわかってくるだろう。また、何をなぜ測定するのかもより明確に見えてくる。そして、フィードバックをより

細かく分類して理解できるようになる。よりターゲットを絞って変更を加え、組織やチームの成功への道を進むことができるため、どんなビジネスにおいても求められるあり方だ。

CHAPTER

12

ヌードカラーの色々：

ファッションと小売業における プロダクトインクルージョン

市場に出回っている「肌色」の包帯がすべて薄いピンク色だったら有色人種の人々はどう感じるか、想像してみよう。そこからある層の消費者が受け取るメッセージはどんなものだろう？　彼らの肌は肌色ではないとでも？　また、店舗で扱われているXLサイズやプラスサイズの服が自分には小さすぎたら、どんな気持ちになるか想像してみよう。車椅子の人が、手助けがなければ棚に置かれた商品の半分にも手が届かないとき、どんな気持ちか考えてみよう。

もし見過ごされてきた消費者が小売店で感じる苛立ちを想像できなければ、携帯端末でWebサイトを見たときに、それが携帯用に最適化されていなかったときのことを思い出してみるといい。文字は小さすぎて読めないし、拡大したらページのほんの一部しか見えない。だからといって画面を回転させて横表示にすると、ヘッダーが画面の多くを占領して何も見えなくなってしまう。いらいらしてしまって、そのサイトを見限って後にしたり、同じようなコンテンツのサイトを探したりするかもしれない。もちろん同じ体験ではないけれど、必要なものや欲しいものへのアクセスを拒否されたときに感じるそうした疎外感や苛立ちは、いずれも決して好ましいものではない。

多数派のつくりあげた標準型に適合しない消費者は、自分たちのためのデザインのない世界で生きろと宣告されたとしか思えないような気持ちになることが少なくない。ほかの部分では多くの人たちと同じなのに、たったひとつのダイバーシティの次元に白羽の矢が立てられたせいで、歓迎されず、無視されているような気分になってしまう。

本章で示したいのは、プロダクトインクルージョンがテクノロジー特有の課題ではないということだ。ファッションや小売ビジネスにおいて、プロダクトやショッピングの体験をよりインクルーシブにするために何ができるかにクローズアップし、インクルージョンを優先させることで正しい行為で競争相手の優位に立ってきたGapや、デザイナーのクリストファー・ベヴァンスの事例を紹介していく。

インクルーシブ・ファッションに注目する

ファッションとは自己表現のひとつであり、その人のアイデンティティに欠かせないものだ。周囲に溶け込んだり目立ったり、あるいは自分が何者で、何を信じ、誰と親しい関係にあるかを主張したりする手段にもなっている。ファッションがある人の第一印象になることもあるだろう。その人がどのような人で、自身をどのように見ているかを表に見せる、窓の役割を果たすのがファッションだ。

ファッション企業は、すべての人に選択肢を提供するという責任を果たそうと尽力するほどに、多くのものを手に得られるし、さもなければ多くを失うことになる。2014年、Fashion Spot（ファッション業界のフォーラム）は、いくつかのファッション誌の表紙におけるダイバーシティのなさを指摘した[1]。中には、12年間も有色人種のモデルを表紙に起用していない雑誌まであった。

ファッション誌には、「黒人モデルは売れない」という誤解から、有色人種のモデルを差別してきた長い歴史がある。だが実際には、「米国『ヴォーグ』誌のルピタ・ニョンゴから『ヴァニティ・フェア』誌のケリー・ワシントンまで、有色人種の女性は読者から好意的な反応を得ており、言うまでもなく売上への影響は見られない」[2]と証明されている。ウィニー・ハーロウもまた、見過ごされてきたグループ（尋常性白斑という皮膚疾患をもつ人々）でありなが

[1] https://www.thefashionspot.com/runway-news/509671-diversity-report-fashionmagazines-2014/
[2] https://www.mic.com/articles/107564/one-fashion-magazine-just-ended-12-years-of-exclusion-in-a-beautiful-way

ら非常に人気があり成功している美しいモデルの1人だ。ファッションの世界でダイバーシティ&インクルージョンがますます主流になるにつれ、より多くの企業が決まりの悪い思いをして正しい行動をとるようになり、そうしない企業は業績を落としていくだろう。

› 色について考える

ファッション業界のプロダクトインクルージョンにおいて、大きな役割を果たすのが色だ。というのも、色はとても疎外感を与えやすいためだ。化粧品の色みが合わないと、ぴったりの色をつくるためにいくつも買って混色するか、そのブランドやプロダクトを使うのを諦めるしかない。顧客が「のけ者」にされたように感じ、とても辛い体験になる可能性もある。私たちは皆、店に足を踏み入れれば自分にぴったりの色が見つかるべきで、「ヌード」が自分とはかけ離れていると感じざるを得ない状況などなくすのが当然だ。

考慮すべきは、化粧品だけではない。トウシューズやバレエシューズ、タンクトップ、下着、包帯など、さまざまものを思い浮かべてみれば、「肌色」や「ヌード」(通常そう設定されている標準色)が自分の肌の色とはまるで違うことを何度も目の当たりにして強い疎外感を感じるだろう。そうした標準色は、どんなメッセージを有色人種の消費者に向けて送っているのだろう。彼らの肌は肌色ではないのだろうか? 変色しているとでも? 標準色から離れれば離れるほど、人間性が失われていくように感じてしまうかもしれない。自分の肌の色に合う包帯を見つけて泣いたという人たちのストーリーまである。

› サイズの範囲を広げる

何十年もの間、ファッション業界では自分たちが典型的と定義する姿にもとづいて服を生産し販売してきた。業界が定義する「サンプルサイズ」とは、概ね身長177cm、体重52kg、サイズ2〜4〔日本のS〜M〕。平均的なアメリカ人女性は身長163cm、体重74kg、サイズ14(XL〜XXL)なのに、多くの店ではサイズは12(XL)までしか置いていない。平均的なアメリカ人男性は身長180cm、体重88kg、ウエスト40インチ(101cm)だけれど、多くの店では置いている最大のウエストサイズは38インチ(96cm)。さらに、男女ともに体型の違いを考慮していないことも問題になる。同じ体重75kgの2人がいても、遺伝や筋肉のつき方次第で体型はさまざまだ。すでに意識してインクルージョンをビジネスのコアに据え始めているブランドもあるが、ファッション業界には、ほかの多くの業界と同じくもっとインクルーシブなプロダクトを生みだすチャンスがまだまだある。

靴の場合も同様で、ほとんどの靴は最大でサイズ13（31cm）までだし、逆に足の小さい大人にとっても自分に合う靴を探すのは一大事だ。おまけに、大きな服を買って解決しようとすると割高になってしまうこともある。その反対に小柄な女性や男性の場合は、子供やティーンエイジャー用を選ばなければならないこともある。

幸い、多くの小売業者が、自社で扱っているサイズと実際の消費者のサイズや体型が合っていないことには気づき始めている。ニューヨークの独立系の小売業者SmartGlamourは、あらゆるサイズの女性に服を提供していて、Webサイトには「すべてのデザインはXXSから15X、さらにそれ以上のサイズが用意されており、どのような体型にも合うようにカスタマイズできます」と明記されている。ほかの小売業者もこのメッセージの意味するところを理解し、取り扱いサイズの幅を広げつつある。ファッション業界の中でプラスサイズの市場が210億ドルにも上るとされているのを考えると、これはビジネス上の判断として賢明であり、なおかつ正しい行為だ。

› プロダクトとマーケティングをもっと繊細に

企業とブランドが意図的に人を傷つけようとしているわけでなくとも、無神経な商品や広告は消費者に嫌な思いをさせるし、そんな加害者になってしまっては、目指していたミッション——消費者にサービスを提供して売上を伸ばす——はうまくはいかない。何より、こうした好ましくない出来事は簡単に回避できるのだ。デザイナーやファッション企業は、リリース前に必ず多様性のある人々にコンセプトを確認してもらって、フィードバックをもらうべきだろう。

またファッション企業は、マーケティングにおいても、組織として表明しているダイバーシティ＆インクルージョンへの取り組みとの一貫性を確保できるように強く意識しておく必要がある。『ハーパーズ バザー』誌の電子版Bazaar.comのタレント＆ソーシャル部門スペシャル・プロジェクト・ディレクターであるクリッシー・ラザフォードは、かつてあるブランドからコラボレーションできないかという打診をソーシャルメディア経由で受けた。そのブランドのインスタグラムの投稿を見たクリッシーは、こうアドバイスした。「口で言うだけでなく行動で示さないとだめ。去年の夏からPOC（有色人種）をインスタグラムに載せていないし、それがとても気になる」[3]。インクルーシブなマーケティングをしていてもプロダクトはインクルーシブでなければ、見ている人にはお見通しだ。

› ジェンダーのダイバーシティを高める

女性が衣料品に投じる金額は男性の平均3倍にもなることから[4]、この業界を中心となって動かしているのは女性だと思うかもしれない。けれども米国ファッション協議会（CFDA、Council of Fashion Designersof America）が『グラマー』誌と共同で発表したレポートによると、主要ブランドのうち女性が担当しているのはわずか14%に過ぎない。

GoogleのプロダクトインクルージョンチームはCFDA（1962年に設立された非営利の業界団体で、米国の一流の婦人服、紳士服、ジュエリー、アクセサリーのデザイナー500名近くが会員となっている）と協力して、ファッション業界におけるプロダクトインクルージョンを推進している。この活動は、元Googlerのジェイミー・ローゼンスタイン・ウィットマンがスタートさせ、私とCapitalGのバイス・プレジデントであるジャクソン・ジョルジュがそれを引き継いだ。

2017年1月21日のウィメンズ・マーチの後、CFDAと『グラマー』誌は、職場、特にファッション業界における女性のエンパワーメントと平等性に関する調査を実施した。この調査の結果は、2018年に「The Glass Runway : Gender Equality in the Fashion Industry（グラス・ランウェイ：ファッション業界におけるジェンダーの平等）」というレポートとして発表された[5]。この研究の要点を紹介しよう。

---

[3] https://www.documentjournal.com/2019/02/the-cfda-addresses-why-we-still-need-to-talk-about-diversity-and-inclusion-in-the-fashion-industry/
[4] https://www.mckinsey.com/industries/retail/our-insights/shattering-the-glass-runway
[5] https://cfda.imgix.net/2018/05/Glass-Runway_Data-Deck_Final_May-2018_0.pdf

- ジェンダーに多様性のある企業は、いずれかの性で占められている企業よりも優れた業績を上げている。
- 調査対象の女性の100%がファッションにおけるジェンダー平等を意識しているのに対し、男性では50%以下である。
- バイス・プレジデントのクラスになると、女性は昇進を打診されたり、実際に昇進したりすることが少なくなる。
- 女性は、特にバイス・プレジデントクラスになると、親としての責任を果たすことが男性よりも難しくなる。

また本調査では、ファッション企業ジェンダーの不平等に対処するためにとるべき4つのアクションを明確に提示している。

- ジェンダー・ダイバーシティのための説得力あるビジネスケースをつくりあげる。
- 評価、昇進、報酬の透明性と明確さを高める。
- 女性のエンパワーメントのためのスポンサーシップ・プログラムを提供する。
- 従業員がそれぞれの生活に合わせて柔軟な働き方ができるようなプログラムやポリシーを打ち立てる。

女性の方がファッションにお金をかけていること、また間違いなく自身の経験に基づく視点をもっていることを考えれば、ファッション企業はジェンダー・ダイバーシティを推進した方が賢明だろう。加えて、女性によるブランドは資金調達が困難であったり、知名度が低かったりするため、そうしたブランドのサポートが、エコシステムの拡大にとって重要になってくる。

小売店をよりインクルーシブに、よりアクセシブルにする

小売業にはプロダクトインクルージョンなど無関係と思うかもしれないが、実は大いに関係が——想像している倍は——ある。プロダクトインクルー

ジョンは、販売するプロダクトにも、店舗での体験にも適用できるからだ。見過ごされてきたユーザーがどのような体験をしているのかを考えることが、より多くの人々のニーズや好みに応えるためには欠かせない。

実店舗あるいはオンラインストアで、店舗や取り扱い商品をアクセシブルでインクルーシブなものにするために考慮すべきことをいくつか紹介しよう。

＞ 実店舗について

店舗に足を踏み入れてみて、喜んで迎え入れられていると感じられたなら、興奮と強い期待感を覚えるだろう。そこで抱くのは、さあこれから買い物を楽しもうと思える安心感だ。この感覚は、小売店での配慮に慣れていない見過ごされてきた人々にとっては、さらに強く感じられるだろう。歓迎されている、自分も仲間に入っているという感覚は、排除されるかもしれないというあらゆる恐れや不安を溶かしてくれる。

たまたま運良く、いい雰囲気の店ができるなんてことはない。これまではあまり意識していなかったような細かな点や要素にも注意を配る必要がある。ここでは、そのいくつかを紹介する。

- **アクセシビリティ**　「障害を持つアメリカ人法」(ADA)の要件を満たすことは、ほんの始まりに過ぎない。ここでは、さらなるステップを見ていこう。
  - 可能であれば、重い商品は棚の低いところに、軽い商品は高いところに置く。
  - 通路の真ん中に陳列棚を置かないようにする。松葉杖や車椅子の使用者、視覚障がいのある人の移動の妨げになるかもしれない。
  - 店員は、棚から商品を取るのを手伝えるように控えておくが、声を掛けたり、頼まれたりしないうちに勝手に決めつけないようにする。
- **スタッフ**　多様性のある従業員雇用に努めよう。インクルージョンへの取り組みを示せるだけでなく、さまざまなコミュニティの人々にとってもっと魅力ある店舗にするにはどうすればよいかについて、そうしたスタッフから多様性のある意見をもらえるというメリットもある。また、全スタッフを対象にダイバーシティ&インクルージョンのトレーニングを実施することもお勧めしたい。スタッフのレプリゼンテーションにダイバーシティがあることは良いスタートにはなるが、そこからさらに全従業員がインクルージョンについて考え、行動する必要がある。

- **セキュリティ**　スタッフや顧客の安全を守るため、また盗難防止のため、セキュリティ対策が必要な場合があるが、警備員を配置する際には、来店客に歓迎されていない、疑われていると感じさせるようなことがあってはならない（有色人種に起こりがちであることにも注意すること）。よくある問題を防ぐために、次のような取り組みをしてみよう。
  - 警備員にバイアスに関するトレーニングを行う。
  - 顧客へのアンケート調査によって警備員の存在についてどう思うかを調べ、必要に応じて見直しを行う。
- **コンテクストと文化的ニュアンス**　店舗内に特定のコミュニティにとって不快と受け取られる可能性のあるものがないかを確認しよう。複数言語で書かれたフレーズがある場合、その言語を母語とする人が一緒にデザインをつくり、適切かどうかを確認しただろうか？
- **店頭陳列**　店内のディスプレイ、広告、マネキンなどをうまく使えば、店をよりインクルーシブな雰囲気にできる。市場に応じて試すことができるアイデアには、次のようなものがある。
  - サイズではなくスタイルで商品を分類し、「プラスサイズ」コーナーをなくす。
  - 「男の子向けのおもちゃ」のようなジェンダー別のコーナーづくりは避ける。
  - すべての売り場でジェンダーレスのマネキンを使用する。それが難しい場合は、通常女性用として使われているマネキンに、男性向けとされている服を着せてもよい。逆も同じだ。そうすることで、スタイルだけでなく、ジェンダー・アイデンティティについてもインクルーシブな配慮が可能になる。ノンバイナリーのデザインや、ジェンダーニュートラルなスタイルを手がけるデザイナーを目立たせるのも一案だ。
  - 最新のスタイルを身につけたマネキンを、車椅子や補助器具を用いる姿で陳列する。
  - さまざまな体型、髪の毛の質感、人種、色、民族、ジェンダーのマネキンを並べる。

- **化粧品**　化粧品を販売する際には、化粧品のカラーバリエーションから色を選ぶ人は「肌色」の違いに敏感になることを認識し、さまざまな肌の色の人からのフィードバックを得るようにしよう。化粧品選びの相談に乗る従業員には、さまざまな肌色に対応できるような教育をしておくこと。（以前、ある高級化粧品のカウンターに行ったときに、店員の女性が私を目にした途端に何も言わずに黒人の担当者を連れてきたことがある。どうやら、どうすれば黒人である私を魅力的に見せる色を購入する提案ができるのか見当もつかないようだった。）
- **ヘアケア商品やサービス**　ヘアケア商品を販売したり、ヘアカットやスタイリングのサービスを提供したりする場合は、さまざまな髪質用の商品を取り揃え、いろいろな髪質に対応できるようスタイリストを教育しよう。
- **衣料品のサイズ**　サイズをできるだけ幅広く取り揃え、どんなサイズでも同じスタイル、同じ価格で提供できることをポリシーとして検討しよう。製造業者も小売業者も、プラスサイズにかかる生地の追加コストを理由に高めの価格設定を正当化することが少なくないが、その追加コストは開発、流通、小売にかかるコストに比べれば微々たるものだ。

ここに挙げているのは、注意すべき点のごく一部に過ぎない。ほかにも注意点があるかもしれないので、店内の見直しの際には、多様性のある顧客と共にテストし、気に掛かる部分をはっきりさせることを強く勧めたい。インクルーシブに感じさせる小手先のテクニックを導入する前に、リーチしようと試みている層を対象にテストをしよう。作り物ではなく、本物であることが重要なのだ。見過ごされてきたコミュニティ向けのビジネスに勝つためだけに変化を導入すると、搾取的な印象を与え、かえって悪影響になりかねない。実際の顧客からのコメントやフィードバックを得ることが、自分たちのアクションやメッセージがどのように受け止められるかを真に理解する唯一の手立てであることを覚えておこう。なお、あるグループのためのベストプラクティスが、あらゆる人たちの役に立つことは少なくない。実際のところ、多くのベストプラクティスにはそういう傾向がある。

› オンラインショップ

オンラインショップをもっている場合も、前段の実店舗で取り上げたのと同じような点でいくつも注意すべきことがある。たとえば、使用する掲載画像（商品を身につけている人や使用している人）は、リーチしようとしている顧客層のダイバーシティと一致させるようにしよう。化粧品を販売しているのであれば、幅広いカラーバリエーションを準備し、洋服であれば幅広いサイズ展開やサイズオーダーが可能であるよう留意する。

オンラインストアでは、アクセシビリティが大きな課題となるかもしれない。顧客はパソコン、タブレット、スマートフォンのどれを使用しているかわからない。また、インターネットの通信速度が極端に遅い人もいるだろう。視覚障がいのために読み上げ機能を使っている人がいるかもしれないし、マウスを使わずにキーボードで操作している人も、画面上の特定のオブジェクトにポインターを合わせるのが難しい人もいるだろう。色覚特性の異なる人には、配色によってボタンと背景の区別がつかない場合もある。こうした違いを考慮していないオンラインショップでは、収益を見込めるはずの顧客の一部を排除してしまう。

オンラインショップを多様性のある買い物客にとってアクセシビリティの高いものにするために、いくつかの提案をしたい。

- 買い物客と同じように買い物をしてみて、自分でサイトをテストする。あなた自身はすでに慣れたサイトかもしれないが、直感的に操作しづらい部分は見つけられるだろう。
- WAVE（Web Accessibility Evaluation Tool、Webアクセシビリティ評価ツール）やGoogleの拡張機能Lighthouseなどのアクセシビリティ・テスターを使ってサイトを評価し、推奨事項や指示に従って問題に対処する。
- アクセシビリティデザインのガイドライン（https://material.io/design/usability/accessibility.html）を参照する。
- Vischeck（色覚障がい用）やaDesigner（視覚障がい用）といった障がいシミュレーターを使用して、サイトをテストする。
- キーボードだけで（マウスを使わずに）簡単に操作できるようにする。
- すべての画像に代替テキストをつける。

- プロダクトビデオには、字幕／クローズドキャプションまたはトランスクリプト（理想的には両方）を追加する。
- パソコン、タブレット、スマートフォンなど、さまざまなデバイスで、最高150%、あるいはそれ以上に拡大したときにも簡単にストア内を見て回れることを確認する。
- 衣類の質感や手触りといった目で見てわかること以上の情報を商品説明に盛り込む。
- 最も重要なコンテンツはページのトップ近くに表示して、スクロールしなくても見えるようにする。
- 電話でも注文できるようにする（オンラインで口座情報を入力することに抵抗を感じる人もいるため）
- インターネットの通信速度が遅くても利用しやすいように、サイトの速度をテストして最適化する。
- オンラインショップでの購入客にショップについてのフィードバックを強く求める。あるいはUserTesting.comのようなサービスを利用して多様性のあるユーザーにサイトをテストしてもらう。

Gapにおけるプロダクトインクルージョン

私の友人であるバージャ・ジョンソンは、世界的な小売・衣料品ブランドGapでファッション・マーチャンダイジング・ディレクターを務めている。1年半ほど前、彼女はGoogleでプロダクトインクルージョンに関連してどんなことを行っているのか話を聞きたいということで、私をサンフランシスコのオフィスに招いてくれた。その際、最初のスポンサーだったブラッドリー・ホロウィッツにも同行してもらった。彼にはプロダクトに対するビジョンがあり、誰もが考えさせられるような質問を投げかけてくるからだ。

Gapの（見事な）オフィスに到着した私たちは、次のようなシニアリーダーたちにプロダクトインクルージョンの基本を詳細に説明した。

- マーク・ブライトバード（バナナ・リパブリック、ブランド・プレジデント兼CEO、Color Proud Councilエグゼクティブ・スポンサー）

- ミケーレ・ニューロプ（Gapエグゼクティブ・バイス・プレジデント兼チーフ・ピープル・オフィサー、Color Proud Councilエグゼクティブ・スポンサー）
- マーゴット・ボナー（Gapデジタルマーケティング・シニアディレクター）
- マリア・フェブレ（Gapグローバル・ダイバーシティ&インクルージョン・ディレクター兼Color Proud Councilコーポレートスポンサー）
- ジャーメイン・ヤンガー（Gapマーチャンダイジング担当シニアディレクター兼Color Proud Council共同代表）

私たちは、小売・ファッション業界とテクノロジー業界の共通点と相違点も含め、インクルージョンのビジネスケースについて議論した。興味深いのは、全く異なるプロダクトをつくっているにもかかわらず、ユーザーのダイバーシティや好み、カスタマイズやオンデマンドへの移行の動き、特定のブランドに対して強い好みを示して関係性や信頼の構築を期待するユーザーが多いなど、明確な共通点が存在することだった。

その訪問の中で、私たちはなぜファッション・小売業界においてプロダクトインクルージョンが重要なのかについて、そしてプロダクトインクルージョンはどうすれば拡大できるのかについて、多くのことを学んだ。プロダクトチームやマーケティングチームが、デザインプロセスの重要な場面で多様性のある視点を取り入れる必要があるのは、なにもテクノロジー業界だけではない。プロダクトやサービスづくりを手がけるチームはすべて、何らかの形でそれを考える必要があるのだ。Gapのチームは、ダイバーシティ、エクイティ、インクルージョンを、カルチャーやプロダクトのなかで推進していく方法を教えてくれた。Gapの私たちのパートナーから学んだことの要点を一部紹介しよう。

- ファッション業界では、プロダクトインクルージョンを色に関連づけて考えている。
- 組織には、プロダクトインクルージョンを技術面だけでない部分まで広げるチャンスがある。その狙いは、アイデア出しからローンチまでのプロセス全体を端から端まで分析し、インクルーシブ・レンズを優先する必要がある重要な変化点を見つけることにある。
- プロダクトインクルージョンを大きく動かすには、シニアリーダーの同意が不可欠だ。

- 業界によってそれぞれリードタイムは違う。シーズン単位で仕事をするファッション業界では、実体のある商品を製造し、できあがった商品に膨大な数の人やパートナーが関わることになる。そのため、プロダクトインクルージョンを最初から意図的に優先させ、そうすることでプロセス全体に波及させなければならない。

バージャが特に力を入れていたインクルージョン・イニシアチブがある。それがGap社内に彼女が立ち上げたColor Proud Councilであり、ビジネスにダイバーシティを持ち込もうというものだ。このColor Proud Councilの全体的なミッションは、人材の獲得と維持、教育などその全体にダイバーシティ&インクルージョンを組み込むことだ。ジェンダー、人種、民族、体型、性的指向、年齢、宗教、障がいをもつ人など（ただし、これらに限定されない）、あらゆるダイバーシティの次元に焦点を当てている。

Color Proud Council

── バージャ・ジョンソン
（Gapファッション・マーチャンダイジング・ディレクター）

Color Proud Councilは、個人的なミッションとして始まり、全社的な運動へと発展した取り組みです。有色人種の女性、具体的には黒人女性である私は、自分のような外見の人を見ることがほとんどない環境で育ちました。テレビや雑誌で称賛される人は、私にはとても真似できないような理想的な美の姿をしていて、そのことが自分自身に対する見方に直接影響を与えていました。服装についての経験からも大きな影響を受けました。というのも、服を身につけて、見た目も気分も良くなりたいと思っていても、自分に合ったスタイルを見つけるのはとても難しく…… というより、自分のような姿を念頭においてつくられたスタイルがなかったからです。それで、もしも自分の手でこの状況を変えられるチャンスがあるならば実行しようと心に誓いました。その決心を実現したのがColor Proud Councilなのです。

私は、親友で仕事仲間でもあるモニーク・ローロックスと共にColor Proud Councilを設立しました。この会社に同時期に入った私たちは、黒人女性やプロダクトのリーダーとして、同じような経験をしてきました。何よりもはっきり気づいたのは、お互いのプロダクトチームに有色人種がほとんどいないことです。さらに広く眺めてみて、Gapのブランドファミリー全体で、私たちのような属性の社員にはデザインプロセスやプロダクト提供について決定権を十分に与えられていないことに気づきました。そうした環境で、私たち特有の「その他の人」という属性を職場にもち込むことはそう簡単でも快いものでもありませんでした。

私はこうした懸念をバナナ・リパブリックのプレジデント兼CEOマーク・ブライトバードに伝えました。ブライトバードは耳を傾けてくれただけでなく、組織の立ち上げという私の理想を全面的に支持してくれました。現在、Color Proud Councilのメンバーは、Gap全ブランドを表す存在になっていますし、そこにはさまざまなバックグラウンドを持つ情熱的なリーダーや、この取り組みが我が事である人にとっての「その他」の人たちがいます。そして私たちは力を合わせて、人材の採用からプロダクトデザイン、マーケティングに至るまでの活動を、確実にインクルーシブであるようにし、顧客中心の意思決定が社内の中心に据えられるようにはたらきかけています。

バナナ・リパブリックのTrue Huesコレクションは、女性向けのヌードカラー必需品（靴、下着、肌着）をインクルーシブに取り揃えたもので、Councilがビジネスに直接影響を与えた好例です。

このプロダクトのローンチにあたっては、顧客層のダイバーシティに見合ったものでなければならないと考えていたため、最初からほかとは違うアプローチをとりました。社内のカラリストとの打ち合わせから始まり、さまざまな肌の色に合わせて色合いを調整したり、多様性のある何人ものモデルで撮影したりと、インクルージョンをプロダクトのライフサイクルの中で最重視することを目指したのです。

そのパフォーマンスに関してみると、True Huesはとてつもない成功を収めました。ソーシャルメディアを席巻して、主要指標（インプレッション数、効果、リーチ数、保存数、エンゲージメント率）は目標値を大幅に上回って、年間で3番目にコメントの多いインスタグラム投稿（2019年6月現在）となり、歴代のソーシャル キャン ペーンの中で最も拡散されたのです。財務面で見ても、主要なプロダクト指標（小売売上高、販売数、粗利益）すべてが目標を3桁近く上回っています。

今や、小売業界においてインクルージョンは常識となっており、それを理解せず、意識的に行動できない企業は後れを取ることになるでしょう。顧客は、財布の中身と同様に自分の価値観で商品への投票をしており、企業が的を外していると感じたときには、これまで以上に率直に意見するようになっています。とはいえ、その「ご意見」は難しいことではありません。ただ、自分にちょうど見合った服が欲しいだけなのです。それを実現するのが私たちの仕事だと思っています。

この例で私が特にすばらしいと思うのは、Gapが扱う色調の幅を広げたことで、顧客エンゲージメントが高まり、最終的な売上へとつながっていることだ。人々が店に足を運んで、自分用の「ヌード」を見つけられるようにしたことで、Gapはビジネスにも顧客にも良い結果をもたらした。

2019年4月になり、Gapは全面的にインクルーシブにデザインされたプロダクトのラインナップをローンチした。なんてエキサイティングだったか！バージャはこんな投稿をしている。

> 自分の「ヌード」を見つけるのに苦労したことのある皆さんへ。私たちにお任せを。
> #diversity #inclusion #productinclusion #diversitymatters #inclusionmatters #representationmatters #design #fashion #retail #itsbanana

この投稿には心が躍った。店に行ってニュートラルな色のものを探しても、自分の肌に合うものが見つからないという経験をした人がどれだけいるだろうか？　これは主に有色人種に起こると思う。通常ヌードカラーや「肌色」はピンクやピーチに近いため、自分の色を見つけるのに苦労するだろうからだ。とはいえ、提供される色調が限られている中では、提供色が自分の色に合わないというのは誰にでも起こりうることだ。

Dyne Lifeにおけるプロダクトインクルージョン

私たちがファッション分野に協力したもうひとつの例が、デザイナーのクリス（クリストファー）・ベヴァンズと彼のファッションライン「Dyne Life」とのコラボレーションだ。クリスの2019年春夏コレクションを発表するショーでは、見過ごされてきたコミュニティをモデルとしたラインを、従来のランウェイショーではなく、Google Cloudを利用したChromeOSとAndroidタブレットで構成した大きなデジタル壁面で見せたのだ。

クリスはファッション界で非常に高い評価を受けていて（ジェイ・Zをはじめ何人ものセレブリティに衣装を提供してきた）、加えて情熱をもってファッションとテクノロジーの接点を探っている。その彼とのパートナーシップは非常にすばらしいものだった。クリスとの仕事は、まさに魔法が現実になったようなひとときで、そのプロジェクトの実現にジェイミー・ローゼンスタイン・ウィットマンをはじめとするGooglerが一丸となって取り組んだ。

テクノロジーとファッションの交差点を探る

―― **クリス・ベヴァンズ**
（ファッションデザイナー、クリエイティブディレクター）

私は、先進的な素材とスマートファブリックを使用したテクニカル・スポーツウェアのブランドを立ち上げようと考え、倫理的で持続可能なビジネスプラクティスをコアに据え、しかも革新的なアプローチでウェアを製造するメーカーと提携を結ぼうと試みました。私は、私たちが実践していることやパートナーシップについて実践していること、パートナーシップについてのストーリーを、自分たちの顧客基盤に伝えられるようにしたかったのです。

私は近距離無線通信用のチップを紹介してもらい、それをウェアに埋め込む方法を見つけました。そうすれば、顧客基盤となる人々とやりとりをすると同時に情報を提供し、顧客は購入しようかと思っているウェアについてリアルタイムで知ることができるようになります。

Google Cloudとの提携はこれ以上ないものでした。パリの美しいショールームでキャンペーン動画を配信できたのです。クラウドと同期した約50台のタブレットで構成したデジタル壁画は、私たちのコレクションにとって理想的な背景となりました（図12-1参照）。Googleチームの技術サポートも素晴らしかったので、近いうちにまた実現できればと思っています。

図12-1 ▸ DYNE-GOOGLEコラボレーションによるデジタルキャンペーンビデオ

私にとって、ファッションのダイバーシティとは、すべての人が自分のビジョンに近づくサポートをしていくことです。ダイバーシティについて取り上げるとき、人種の問題ももちろんありますが、単にチャンスを手にする環境にない若い才能もたくさんあると思います。私は、Googleがどんな風にして私をスポーツウェアのリーダーとして認め、チャンスを与えてくれたかを思うのです。企業内にダイバーシティをもっと取り込むこと、それはカルチャーを形成し、世界を変えることにほかなりません。

この例から、プロダクトインクルージョンとは、自分の仕事の大きな誤りを見つけることとは限らないということがわかります。つまりプロダクトインクルージョンとは、コラボレーションや、プロダクトの使用に対する考え方を広げるためのものでもあるのです。パリのメンズファッションウィークでChromeOSとAndroidタブレットで壁をつくったり、Google Cloudを使ってショーを開催したりするなんて、まるで考えたこともありませんでしたし、ファッション業界や自分たちのつくるものに対する考え方がぐっと広がりました。しかも、ファッションとテクノロジーの両分野で見過ごされてきたコミュニティに属する素晴らしいデザイナーと協力し、相手から学び、そしてサポートしながら実現することができたのです。繰り返すようですが、パートナーシップやサポートの観点から「ほかには誰が?」を問いかければ、リーチを広げられ、見過ごされてきた人々に正しい姿を見せられるようになるのです。

私たちのチームにとって、見過ごされてきたコミュニティで信頼を得ているブランドと一緒に仕事をし、テクノロジーとファッションの交差点で未来を標榜するような取り組みができたのは喜ばしいことでした。このBevans-Googleのパートナーシップは、多様性のある視点によってプロダクトがいかに豊かになり、消費者の体験を向上させるかを見事に示しています。

CHAPTER
13
—
プロダクトインクルージョンの未来に目を向ける

今まさに、プロダクトインクルージョンの考え方が強まりつつある。顧客サービスとは、年齢、人種、民族、ジェンダー、社会経済的地位、場所、言語などを問わず、文字どおりあらゆる顧客にサービスを提供することにほかならないという事実に、さまざまな組織が気づき始めているからだ。加えて、「すべての人のために、すべての人で」つくれば、イノベーションの促進、建設的で新しいパートナーシップの構築、サービスが十分に提供できていない市場への進出、高評価の口コミの増加など、数多くのメリットが得られることにも気づき始めている。ただどうあっても、プロダクトインクルージョンが行き着くところは、ユーザーの暮らしを豊かにする真にインクルーシブなプロダクトをつくるということに尽きる。

一方で消費者は、企業の方針、プロセス、プロダクト、サービスの形成に対して、自分たちがどれほど影響力をもつかを認識しだしている。そして評価したり、対価を支払ったり、感想やレビューを書いたりすることで、自分たちのニーズや好みに敏感な組織を成功に導き、そうでない組織を引きずり下ろし始めている。

ダイバーシティ、エクイティ、インクルージョンを支持する動きはすでに勢いを増しつつあるが、今後は、人口動態の変化や、歴史的に見過ごされてきた消費者の獲得競争が激化する中で、その動きはさらに加速するだろう。私がGoogleでプロダクトインクルージョンをリーダーとして率いるようになって2年半が経つが、今、その進捗ペースや取り組みに対する真剣さ、熱意が急激に高まっているのを実感している。このうねりは、テクノロジーだけに起きているのではない。ファッション、医療、芸術などの分野でも、インクルーシブ・レンズを適用したり、適用に向けた議論をしたりする人たちが増えている。

こうした動きの状況を見て、驚くべきもののように思えるかもしれないが、本当に驚くべきは、動き始めるのにこれほど時間がかかったことだ。どんな企業も、もっと多くの顧客、もっと大きな収益、もっと高い利益を手にしたいと望んでいる。そして、もっと多くの消費者の関心を引くプロダクトが提供できれば、目指す3つのゴールすべてが達成できる。明らかに、「すべての人のために、すべての人でつくる」とは、正しい行為であると同時に、組織の成長につながる道なのだ。「正しいことをして、成功する」ことができるなんて、ワクワクする。

本章では、さまざまな業界で展開されているプロダクトインクルージョンの未来に目を向けつつ、また違ったプロダクトインクルージョンへの視点を紹介していきたい。

プロダクトインクルージョンの未来への視点

忘れないでほしい。プロダクトインクルージョンは、1人でできるものではなく、全員で進める取り組みだ。推進するには、チームとしての意思が欠かせない。何人もの人々がもっとインクルーシブにつくろうと決意し、責任を負わなければ、プロダクトインクルージョンという取り組みを持続させることなどできない。締め切り、ほかの優先業務の発生、人事異動、休暇などがあっても勢いを止めずに前進するには、方針とプロセスを確立させておく必要がある。そして、インクルーシブなプロダクトを消費者に提供するという目標と、人々の気持ちやプロセスとが合致したときにはじめて、最大の成果があげられる。

X（旧Google X）―― 何十億もの人々の生活向上を目的にテクノロジーをつくりだしてはローンチする多様性のある発明家・起業家集団――のキャプテン・オブ・ムーンショット、アストロ・テラーは、イノベーションの推進において多様性のあるチームが果たす重要な役割について次のように語っている。

発明家がたった１人で「大発見だ！」という瞬間を迎えるなんて、ほとんど神話でしかありません。実際にイノベーションを生みだせるのは、誰もが気軽に疑問を出し合い、意見を交わすことができる優れたチームです。また、プロジェクトに参加する人たちのバックグラウンドやコミュニティの幅が広ければ広いほど、新鮮な視点や創造的なアイデアを生みだすことができるし、全員がもっと力を発揮できます。

何をつくるか、あるいはどんな業界かを問わず、プロダクトデザインのプロセスにおいては、複数のタッチポイントで複数の人が関わることになる。エンジニア、プロダクトマネージャー、マーケティング担当者、研究者、サポート担当者など、その全員が、プロダクトをつくって消費者に届けるプロセスのなかで、それぞれの役割を果たしているのだ。アイデア出しからローンチまでのプロセスを1人で支配することなど誰にもできない。この現実は、プロダクトのデザイン・開発をよりインクルーシブなものにしようとしている全組織にとって、難題であり、チャンスにもなる。難題というのは、関係者全員をプロダクトのインクルージョンにコミットさせることであり、チャンスはプロダクトインクルージョンへのコミットから生まれるイノベーションの成果だ。

また、プロセスを1人で支配することはないために、組織内でどんな立場であっても変化を起こすことができる。つまり、プロダクトチームのメンバーでもマーケティングチームのメンバーでもプロダクトインクルージョンに貢献することができるし、人事部に所属していれば組織自体のダイバーシティを高められる。また組織のどの部門にいても、歴史的に見過ごされてきたグループのメンバーであれば、インクルージョン・チャンピオンとして、あらゆる人にとってもっとイノベーティブなプロダクトを生みだす手助けができるだろう。

いろいろな業界のプロダクトインクルージョン

プロダクトインクルージョンの未来を垣間見るには、幅広い業界での現在の動きを見渡してみるのが一番だ。さまざまな業界や組織での取り組みに目を向ければ、その動きがどこへ向かっているのかが見て取れる。

ここからは、学問や建築の世界から、玩具、フィットネス、エンターテインメント、医療などの業界まで、プロダクトインクルージョンへの関心の高まりを示すいくつもの事例を紹介したい。

紹介する組織はいずれもプロダクトインクルージョンの旅の途中だ。また、よりインクルーシブな成果を生みだすには、最初の一歩を強い意図をもって踏み出すしかない。例に挙げる組織は皆、インクルーシブにつくるための戦略を学び続け、発展させ続けている。

› メガネ

化粧品やファッションと同じく、メガネもプロダクトインクルージョンの恩恵にあずかるのにぴったりの業界だ。どうあっても、人によって頭、顔、目、耳、鼻の形は異なるし、それぞれ好みの見た目も違うからだ。ある人に似合うメガネも、別の人にとっては最悪な一本かもしれない。

Warby Parkerは、社会貢献を目標に掲げるメガネメーカーだ。世界にはメガネが必要でも手に入れられない人々が10億人近くもいることを受け、VisionSpringなどの非営利団体と協力し、メガネを1本販売するごとに1本を必要としている人に寄付している。そうした社会に対する意識はプロダクトインクルージョンへも広げられていて、同社は見栄えのする高品質なメガネを、誰でも手の届く価格で提供することをミッションとしている。私は、Warby ParkerでERGsの代表を務めるクリスティーナ・キムの招きで、同氏とバイスプレジデント・オブ・ピープルのチェルシー・カーデンからプロダクトインクルージョンへの取り組みを数時間にわたって聞くことができた。

Warby Parkerのインクルーシブデザイン

——チェルシー・カーデン
(Warby Parkerバイスプレジデント・オブ・ピープル)

共同CEOが2010年にWarby Parkerを立ち上げて以来、私たちはショッピングをできるだけ簡単で、便利で、そして楽しい体験にしようと努めてきました。そのためには、オンラインか実店舗かを問わず、どんなプラットフォームでもインクルーシブであろうと力を注ぐことが、ただ重要であるだけでなく、私たちが達成すべきミッションだと考えています。

メガネは、人が誰かを見るときにまず目に入るもののひとつです。その人のスタイルを決定するのに役立つ、極めて個人に深く関わるプロダクトでもあります。またメガネをかける人は、フレームに対して掛け心地のよさや、ずれずにしっかり固定できることだけでなく、見た目のすばらしさも求めています。当然のことながら1人1人顔は異なりますが、それに合わせたプロダクトをデザインするのが私たちの役目なのです。ビジネスが成長するにつれ、私たちはより多くの方に対応できるよう、ブリッジの形状や幅の選択肢を増やしてきました（子供用もあります！）。もちろん課題はまだまだありますが、そうした選択肢をこれからも増やし続けていきたいと思っています。

私たちは、従業員リソースグループ（ERGs）を最近導入したばかりで、そのインサイトをどのようにプロジェクトや戦略的な意思決定に反映させるかを考え続けているところです。私たちのリソースグループは従業員主体で運営されていますので、ERGのインサイトから全社的な取り組みを形成すること自体はとても簡単で自然な動きです。

NRODAは、スヌープ・ドッグやリック・ロスといった誰もが知る著名人の顔を飾る（adorn）、ラグジュアリーなアイウェアを提供する企業だが、その創設者でデザイナーのサマンサ・スマイクルは、立ち上げ前からプロダクトインクルージョンに力を入れてきた（NRODAは「adorn（飾る）」を後ろから書いたもの）。創業からわずか2年で10万ドル以上の収益を上げる成功ぶりを見せるこのNRODAが重視しているのは、ダイバーシティ＆インクルージョンだ。サマンサはこう話す。「さまざまなバックグラウンド、年齢、属性の人々がアイウェアについて真剣に検討しています。質の高いアイウェアを手頃な価格で提供するブランドが増えることで、アイウェアがもっとインクルーシブなものになればと思います」

幅広い層にアピールし、なおかつ人種や民族、ジェンダーといった違いに左右されず、誰もが力強く美しいと感じられる方法を提供できれば、成功につながるのは当然のことだ。完全なレプリゼンテーションと、見過ごされてきた人々のためのアイウェアの普及について考えるブランドはわずかしかなく、だからこそ、サマンサはニッチな市場を開拓することができたのだ。

› 医療・ヘルスケア

医療従事者は、多様性のある患者の診断や治療がいかに難しいかをよく理解している。患者の身体的構造、心理的構造、文化、コミュニケーションの方法などは1人1人異なる。だが残念ながら、医師、研究者、研究参加者の集団のダイバーシティは、患者の集団に遠く及ばないため、医師と患者、症状と診断、診断と治療、治療と結果の間には断絶が生じがちだ。

医師という職業自体は、その必要性からさまざまな人種や民族などにも開かれており、また患者間の違いを探る研究が増えていることなどから、レプリゼンテーションに関連する部分ではある程度の進展も見られる（たとえば、若い医師の60％は女性だ）。では、インクルーシブ・レンズの適用で大きな恩恵を受けられそうな医療・ヘルスケアの主要分野をいくつか見てみよう。

- **異文化間医療**　文化や言語は、病気に対する医師の見解、また患者の認識や経験に影響する。異文化の患者が効果的な治療を受け、推奨された治療計画を守ることができるか否かは、医師に異文化への対応力と、あらゆる言語の壁を埋める能力があるかどうかに大きく左右される（次ページのコラムを参照）。
- **機械学習（ML）と人工知能（AI）**　コンピュータモデルは医師の診断精度を向上しうるものだ。ただ、そうしたモデルの学習には、人間の集団に実際に存在するダイバーシティの反映されたデータを用いる必要がある。入力データにバイアスがあると、バイアスのあるコンピュータモデルが構築されてしまい、その結果、見過ごされてきた層の患者の診断や治療プロトコールの推奨を行う際に精度が低下する可能性が高くなる。
- **個別化医療（オーダーメイド治療）**　現代のテクノロジーによって、個人の遺伝子構造に基づいて、より効果的と考えられる治療法を推奨することが医師には可能になった。しかし、研究の多くは、ヨーロッパ系の人々の血液や組織のサンプルに基づいて実施されたものだ。見過ごされてきた層もその恩恵を受けられるようにするためには、研究をそうした層へと拡大する必要がある。

医療における文化的背景の考慮

―― ショーン・L. ハーヴェイ＝ジャンパー
（医師）

私たちの人生の経験の仕方や出来事への反応は、育った環境や過去の経験を下敷きにしたものであり、文化的背景は非常に重要です。たとえば、脳卒中や脳出血といった重大な症状が起こった場合、患者が自分で医療上の判断をすることはできなくなります。そうしたとき、医療チームは、家族が患者に代わって治療法を決定してくれることを頼りにしますが、患者やその家族はさまざまなバックグラウンドをもつため、そうした人生の転機を乗り越える際に頼る戦略もリソースもさまざまです。

最近私は、転倒して大きな脳出血を起こした高齢の男性の治療を担当しました。患者は脳損傷によって、意思疎通も、人工呼吸器なしでの呼吸もできない状態になっていました。患者とその妻は高齢夫婦の2人暮らしで、子供はいませんでしたし、半世紀以上連れ添った夫が浴室の床で意識を失っているのを見つけた妻は、ショックで茫然自失の状態でした。

病院に到着すると、医療チームは妻に彼の怪我の重さを伝えうえで、治療法を説明しなければならず、その後には、患者がどのような治療を望んでいるのか方向性を探る必要がありました。

私には、外科医として、発表されている文献に基づく知識がありますし、自分ならどのように治療を受けたいか、自分なら家族にどのように相談するかもわかります。けれども、この夫婦のケースは文化的背景が私とは異なりました。ただ幸運なことに、私のチームにはこの夫婦の文化に対する理解があり、私や他のチームのメンバーに意見できるメンバーがいたのです。そのおかげで、この患者のケアに必要ないくつもの込み入った決定を行う際に、大いに手助けとなることができました。この患者とその家族は、私たちのチームが多様性のある視点をもっていたことで、より効果的で思いやりのあるケアが受けられたと思います。

多様性のある人々に個別化医療を提供する

――ショーン・L. ハーヴェイ＝ジャンパー
（医師）

生物医学研究の進歩によって、患者の治療法の選択肢の幅は広がり、今後も広がり続けるでしょう。特にその傾向が顕著なのが「個別化医療」です。なかでもがん領域では、個人の遺伝子構造を考慮した治療を提案する例が多く、個人の遺伝子構造や腫瘍の遺伝子に合わせて経路を変更する抗がん剤が増えています。これこそが生物医学研究の本当にすばらしい点ですし、おかげで一部の肺がんやメラノーマが末期の診断からほぼ寛解させることが可能になっています。そのため、患者には大規模な遺伝子疫学研究にもとづいて、予後に関するカウンセリングや治療法の提案が行われているのです。

ただ、そうした最高レベルの研究の根拠となるデータには、私たちが医療を提供する人々が反映されていないことがあまりに多いのが現状です。というのも、米国で実施される臨床試験を含む生物医学研究は、ヨーロッパ系の患者を対象としたものが圧倒的に多いためです。そのため臨床医は、これはマイノリティの患者については正しくないかもしれないと認識しつつも、入手可能なデータのなかでは最善と思われるものをもとにした推測をしなければなりません。

たとえば、私は脳神経外科の神経腫瘍医で、脳腫瘍の除去を専門としています。この領域ではここ10年で、組織学的には（顕微鏡で見ると）同じに見える腫瘍の患者でも、遺伝子のサブタイプによって病気や治療への反応が実際にはまるで異なることがわかってきました。これは極めて重大な影響を及ぼす要素であり、現在、腫瘍の評価方法にはこの違いが反映されています。ただ実際には、私たちが予後や治療方針を決定するために用いているこうした画期的な研究は、ほとんどがヨーロッパ系の人々の脳腫瘍や血液サンプルにもとづいたものなのです。

つまり研究対象に含まれていない患者をカウンセリングする際、私が行っているのは憶測なのです。これはとても大きな問題です。中国の患者の生存率や治療に対する反応率は、発表された研究結果と同じになるのでしょうか？　また、インドやサハラ以南のアフリカのコミュニティに属する患者と研究結果を比較した場合、結果はどのように異なるでしょうか？

見事な成果や素晴らしい研究を疑おうとしているわけではありません。ただ、社会に存在する多様性を理解することはとても重要です。どの企業も、入手できたデータにもとづいて莫大な資金を投じて薬を開発しますが、現状のデータでは、その結果としてできたものがどんな患者にも効果があるとは限りません。そうしたことを考えると、ジェンダー、民族、社会的、経済的背景などの多様性のあるチームで意思決定を行うことが、最終的な目標、つまり患者により良い治療を提供することにつながるのではないかと思います。

建築

かつてGoogleのシニアリーダーから、建築家に占める女性の割合は非常に低く、有色人種の女性はさらに少ないという話を聞いたことがある。建築において、ダイバーシティはさほど大きな問題ではないと思うかもしれないが、建築のデザインによって疎外される可能性のあるさまざまなグループ――障がい者や、平均よりも著しく体の大きい人や小さい人（または背の高い人や低い人）など――の属性について考えてみれば、そうではないとわかるはずだ。

扉を開けようとしたらあまりに重かったり、キャビネットに手を伸ばそうとしたら高すぎたりした経験はないだろうか？　個室のドアや壁が低すぎてプライバシーが守られない更衣室を使った経験は？　出入り口を通るときに、頭をぶつけないように頭を下げたり、しゃがんだりしたことは？「平均的」な体格の人は経験しないことかもしれないが、日常的にこうした不便さを経験し、たびたび疎外感を感じる人が数多く存在するのが実情だ。

先日、母校であるペンシルバニア大学のスチュアート・ワイツマン・スクール・オブ・デザインを訪れたのだが、そこで、プロダクトインクルージョンや誰もが参加できる空間の構築について議論し続けたいという学生たちの言葉を聞いて勇気づけられた。次世代の建築家たちが、空間がさまざまな人にどういった影響をもたらすのかについて、またその体験をできる限り公平でインクルーシブなものにする自分たちの大きなチャンスと責任について、積極的に考えてくれればと思う。

› フィットネス

最近、地元のジムに行ったときに、指導用のイラストには全体的に女性が少なく、有色人種に至っては1人も描かれていないことに気づいた。そこから伝わるのはどんなメッセージだろうか？　トレーニングをするのは細身の男性だけなのだろうか？　そんなはずがないのは、周りを見渡してみれば、トレーニング中の人の半分以上は女性で、その年齢も体型も体格もさまざまなことから明らかだった。

こうしたプロダクトの恩恵を受けられる人の姿がもっとインクルーシブに描かれていたら、どんなに素晴らしいだろう。世界にはさまざまな肌の色、サイズ、ジェンダー、能力、体型のアスリートがいるのだから、業界をよりインクルーシブなものにするのに多大な労力をかける必要などない。目の付けどころを少し変えるだけで十分だ。

私は運のいいことに、ある人の紹介で、lululemonのメアリー・キーン・アレンソンから話を聞くチャンスを得た。lululemonをよく知るだけでなく、コミュニティ・ディスラプター（変革者）であり、サンフランシスコのコミュニティでインターセクショナリティと多様性のあるグループの人々のための創造に力を入れている人物だ。

lululemonのコミュニティ育成の取り組みにも、同社のインクルーシブマーケティングやインクルーシブデザインといった重要なプロセスからも、エクイティ（公平性）を高め、過去の課題から学ぶという姿勢が見て取れる。完ぺきな企業は存在しないかもしれないが、できるだけ多くの声を議論の場に持ち込もうとする尽力と視点があれば、ずっと変化し続けられるのだ。

また、メアリー（とほかのチームメンバー）は、本物の人間関係の構築に力を注いでいて、その結果、lululemonは北米各地のコミュニティでしっかりとしたつながりを築いている。それが現実的な形で現れているのがルミナリー（指導者）・プログラムであり、それがまたルミナリー・コミュニティのメンバーの同社に対する信頼の醸成にも役立っている。

メアリーはこう話す。「lululemonで共に働けて幸運です。コミュニティと一緒になって汗をかき、成長し、つながる機会をつくり、それによってコミュニティに火をつけることに投資する企業ですから。lululemonといくつものコミュニティが力を合わせれば、私たちそれぞれの秘める可能性を最大限に引き出し、世界をより良くすることができるのです」

すべての人々とのコミュニティ構築に注力することは、正しい行為であるだけでなく、ビジネスにとっても意味がある。同社の株価は2019年に70%近くも上昇し、あらゆるジェンダーや地域、その他の属性の熱心なファンを抱えている。

› 玩具

玩具、とりわけ人形は、子供たちが自分は何者で、何が可能なのかというビジョンを形成するうえで欠かせないものだ。玩具に自分が反映されていないと子供の自尊心に悪影響を及ぼすし、逆に玩具に自分が反映されているのを目にすれば、親近感が芽生え、自信を築くことができる。

エイミー・ジャンドリセヴィッツの信念は、どんな子供も称賛されるべきだし、人形の姿を見れば自身の姿が感じられるべき、というものだ。エイミーはそれをミッションと位置づけて実行に移し、カスタムメイドの人形「ア・ドール・ライク・ミー(A Doll Like Me、わたしにそっくりなお人形)」を制作している(図13-1とコラムを参照)。

図13-1 ▸「A Doll Like Me」の人形で遊ぶキーガン

どんな子供にも、自分の姿を見つけるチャンスを

――エイミー・ジャンドリセヴィッツ
(A Doll Like Me 創設者)

プレイセラピーを行うときの前提条件のひとつは、遊ぶおもちゃの中に子供が自分自身を見つけられることです。小児の腫瘍に関わるソーシャルワーカーをしていた頃は、玩具市場では病状のある子供たちが見過ごされていたため、それが今以上に大きな問題でした。子供の「全体的な健康」モデルを考えるときには、身体の健康にとって不可欠な

精神や感情の健康も含めて考えなければなりません。けれども、主だった媒体に自分自身が表現されたり、描かれたりしているのを見ることで子供が得ることのできる力は、今のところあまり評価されていません。

人形は、子供たちが身体的な快適さを感じ、自己を確認し、プレイセラピーを行うのを後押ししてくれます。私の修士論文のテーマは遊びのもつ癒しの力でしたが、その中でも重要な役割を果たすのが人形です。ほかのおもちゃとは違い、人間に似ているからです。子供たちは、自分が遊んでいる人形の姿を見て、自分の姿を見いだすことができなければなりません。だから、人形は持ち主に似たものであるべき、そして肌の色やジェンダー、体型を問わないものであるべきです。私は心の底からそう思っています。

提供するおもちゃの種類が限られているなんて、子供たちにとってはひどい仕打ちです。人とは違う四肢や、体型、病状、あざ、手の形状といったものも、私たちを個性的にしているその他のあらゆるものと同じように受け入れられれば、それが理想的な世界でしょう。

最近メディアで取り上げられていることで、「誰を、どのように見るのか」が議論の俎上にのるようになりました。自分にそっくりな人形を子供が手にするのは、もちろん子供にとって極めて重要なことですが、周囲が彼らがそうした人形と共にいる姿を見ることも、それをさらに大きなスケールで当たり前にしていくのに役立ちます。このパラダイムシフトに積極的に加わるには、子供たちを見て、それぞれの素敵な姿を大好きになれなければなりません。私たちは、自分とつながりのないもののために戦うことなどないのです。

多くの子供たちにとって、世間からの好意的な反応は驚くほど大きな意味をもつものでした。はじめて、「この子はどうしてこんな姿なんだろう?」から「人形を手にしたこの愛らしい少年」へと会話の内容が変化したのです。そうしてこれまでとはまるで違うストーリーが生まれました。メディアに取り上げられたことで、多くの子供たちのストーリーは次第に変化しつつあります。人形がその議論の一部になっているのは、とても喜ばしいことです。

玩具業界は、米国だけで200億ドルもの規模になる。これから人口動態が変化するにつれ、どんな子供も玩具に反映されるようにすることは、ますます重要になっていくだろう。エイミーの人形は数年待ちの状態で、雑誌『O』でも特集された。年齢に関係なく、人は自分を見てもらいたいと願うものだ。エイミーの人形は、多くの人がおもちゃに自分を反映させる道を開いている。

› 映画とテレビ

映画やテレビでは、キャスティングの面ではダイバーシティが高まっているものの、さらなる取り組みが必要だ。現状では、米国では脚本家やプロデューサー、監督に、一般社会のダイバーシティを反映できていないため、さまざまな人種や国籍の登場人物を目にする機会は増えていても、ストーリーには多様性のある文化、経験、考え方が反映されていない。

そんな中で異彩を放つのが『ブラックパンサー』や『クレイジー・リッチ！』のように、人種や年齢、地理的条件などを超えて、観客と通じ合える映画だ。多くの観客が、スクリーンに登場する新しいタイプの登場人物を見たり、異なる文化から生まれるユニークな経験や考え方を知ったりすることに魅力を感じ、心を躍らせる。また、こうした映画は、インクルージョンのビジネスケースをつくるのにも役立つ。『ブラックパンサー』は、4日間の米国内興行収入が2億4,210万ドル。これは、『スター・ウォーズ／フォースの覚醒』（2億8,800万ドル）に次ぐ歴代2位の興行収入だ[1]。また、『クレイジー・リッチ！』は製作費わずか3,000万ドルにもかかわらず、米国とカナダで1億7,450万ドル、その他の地域で6,400万ドル、全世界で2億3,850万ドルの興行収入をたたき出した[2]。

『クレイジー・リッチ！』は、ハリウッド映画としては実に数十年ぶりの全キャストがアジア人の作品だ。こうした作品の成功を見れば、有色人種をキャスティングするべきかどうかに頭を悩ませる必要などないことは明らかだろう。ただ、こうした映画の成功の鍵になっているのは、単なる多様性のあるキャ

---

[1] https://deadline.com/2018/02/black-panther-thursday-night-preview-box-office-1202291093/
[2] https://en.wikipedia.org/wiki/Crazy_Rich_Asians_ https://www.boxofficemojo.com/release/rl1157858817/

ストの起用だけではない。両作品共に、脚本家や監督を有色人種が務めることで作品の信憑性や文化的な豊かさが高まっている。そうした映画が成功してもなんら驚くべきことではない。注目すべきは、有色人種が中心の作品であっても、有色人種ではない人たちもまたその物語に深く引き込まれ、共感していたことだ。

私は、若きメディア界の成功者ビバ シャスリー・ビビアン（ビビアン・ヌイージー）にインタビューし、エンターテインメント業界はどう変化していくのかについて、また制作過程における多様性のあるレプリゼンテーションの重要性についての見解を尋ねた。彼女の思うエンターテインメント業界のインクルージョンの未来は、とても明るいものだ。その内容はコラムを参照してほしい。

エンターテインメント業界のダイバーシティをもっと豊かに

――ビビアン・ヌイージー
（テレビ司会者、プロデューサー、エンターテインメント・ジャーナリスト）

もっとインクルーシブにするために、やるべきことはまだたくさんあるでしょうが、今は、エンターテインメント業界の有色人種にとって素晴らしい時代です。「選ばれた唯一の黒人代表」ではなく、より多くの席が準備されるようになってきました。先週の「E! News」など、ニーナ・パーカーとズーリ・ホールが番組キャスターを務めていたほどです。黒人女性2人が人気エンターテインメントニュース番組のキャスターを務める。そんなの初めてのことです！　ただ、有色人種のさまざまな肌の色をスクリーン上に反映させるには、もっと努力が必要です。若い黒人女性の主人公が出てきてもみんな混血だったり、明るい肌だったりする必要なんてないんですから。今、私たちは多くのチャンスを手にしつつありますが、さらに、あらゆる肌の色が見られるようにするようにしていかなければなりません。

私がエンターテインメント業界に入りたかったのは、それが文化を維持し、形成する業界だからです。そこにはダイバーシティが絶対に必要です。私たちの生きているこの世界を映し出さなければなりません。

かつて「Access Hollywood」にいた頃、大ブレイク直前のカーディ・Bを取材したことがありました。そのビデオを放送前に見た私は、エグゼクティブ・プロデューサーに、彼女の周りの過剰なまでの盛り上がりを捉えきれていないと伝えました。というのも、オフィスには若者や有色人種のスタッフがそれなりにいて、ベテランプロデューサーたちが知らないアーティストを扱う際にその意見を参考に聞けるようになっていたんです。そして気づいたら、私はカーディ・Bのサクセスストーリーについてテレビでインタビューを受けてコメントをするようになっていました。この「Access」では、上層部にそんなレプリゼンテーションがないことを理由に、多くのシニアプロデューサーが著名な有色人種のセレブリティを取り上げない、考慮しない、ということもよくありました。自分がプロデューサーになり、カメラの前に立つようになってから、私は「クール」なものを生みだしてエンターテインメントを本当にリードしている、多様性のあるエンターテイナーたちへの支持の声を上げるチャンピオン（旗振り役）になったのです。

テレビ画面にインターナショナル・レンズを

―― マイケル・アームストロング
（パラマウント　エグゼクティブ・バイス・プレジデント）

世界中の視聴者が対象の新たなテレビチャンネルをデザインすることとは、すなわち、放送を開始するすべての国でそのブランドがどのように認識されるかを慎重に検討することを意味します。私たちのチームは、まず地理的な問題について考えました。

パラマウントチャンネルが手始めに行ったのは、ヨーロッパの地方部の村でも、ラテンアメリカの都市でも、アジアの大都会でも、一貫した見た目と感覚を生みだすことでした。たとえば画面上のテキストについては、ハングル、中国語、ラテン語、キリル文字、ギリシャ語、アラビア語、その他さまざまな文字で表示されることを考慮し、社内のワールドデザインスタジオと協力して、読みやすくかつアクセシビリティの高いフォント（DIN）を選びました。これにより、各地のチャンネルマネージャーがそれぞれの地域の文字を使用する際にも、ブランドとして求める統一感を損なうことなく、一貫した印象を与えることができるようになりました。

次に、ネットワークコンテンツのオンエア時とそれ以外のオフエアのプロモーション用に、チャンネル・アイデント〔ブランドを告知する短いイメージ映像〕を制作しました。その際に俳優を起用せず、ジャンル別のシーンをシルエットだけを用いたアニメーションにすることで、世界中の民族や人種をより広く表現できるようにしました。また、使用する素材を世界中で揃える一方で、各チームが地域の特性をさらに反映させた新たな素材も制作できるようにすることで、無意識のうちに特定の地域にとって排除的な素材を制作しないように留意しました。

またブラック・エンターテインメント・テレビジョン（BET）ブランドの世界展開も、新たな挑戦でした。国際的な戦略を考えるとき、有力なメディアに自分たちの姿を見ることのできる選択肢が限られている有色人種（特に黒人ユーザー）の存在を考慮すべきなのは明白でした。とはいえ、アフリカ系アメリカ人のタレントを起用したコンテンツをつくればそれでいいわけではありません。最終的にはフランス、アフリカ、英国などの市場で現地のタレントを起用した番組を展開することを見越しつつ、新しいBETチャンネルとその視聴者との間に本物のつながりを生みだす、費用対効果の高いソリューションが必要でした。

最初のチャンネル展開は、2008年の春、英国で実施されました。それに先立って、米国から持ち込んだコンテンツの宣伝用スポット映像のデザインを変更し始めました。まず、ターゲットの視聴者になじみのある発音や声の抑揚を持つ、地元英国の声優を採用しました。さらに、自国の市場でのメッセージの伝え方を誰よりも知る地元の声優には、オンエアやラジオ広告で用いる台本を変更する許可が与えられました。また、オンエア、オフチャンネル共に、日付と時刻のフォーマットの違いを反映させるために、画面上のテキストをすべて変更しました。

最も力を入れたのは、長編番組と長編番組の間に何度も挿入される短編コンテンツ、インタースティシャル広告です。これを活用することで、地域の人々の顔や声をスクリーンに映し出すことができるようになりました。また地元の音楽アーティストを特集したり、さまざまなアワードへ国際的なカテゴリーを追加したり、さらには地域の起業家やインフルエンサーを取り上げたりと、チャンネルのあらゆる瞬間にさまざまな文化を織り込み、見過ごされてきたユーザーを確実に反映させていったのです。

パラマウントチャンネルは、16の地域別プログラム・チャンネルを通じて、120以上の国と地域で視聴されており、米国外での視聴世帯数は1億6,000万世帯以上にのぼります。

また、BETインターナショナルは、世界64の地域で、3つの地域別プログラム・チャンネルを通じて、4,500万世帯に配信されるようになりました。

› アカデミア（学問の世界）

オンタリオ・カレッジ・オブ・アート&デザイン（OCAD）は、カナダ最大の芸術系大学だ。同大学デザイン学部長のドリ・タンストールに、高等教育がプロダクトインクルージョンの未来に対して果たし得る役割について伺うことができた。ドリが、OCADが掲げるプロダクトインクルージョンの原則を要約してくれたので一部を紹介しよう。

- **グラフィックデザイン**　傷つける要素は最小限に抑え、自分たちにできる良い行為を強調する。デザインプロセス、タイポグラフィ、イメージづくり、批判的（クリティカル）で戦略的な思考に重点を置く。すべての人とすべてのものに気を配ったデザインシステムとする。
- **イラストレーション**　個々の芸術的な表現を発展させ、社会を注意深く映し出す。テキストを補う役割を果たすものとして、効果的、伝達的、芸術的な画像を制作する知識とスキルを中心に据える。
- **ソーシャルイノベーションのデザイン方法論**　学生は、ソーシャルイノベーションのデザイン方法論を通じて、自分の専門分野やスタジオでの作業を、より幅広い文脈で捉えたデザインの社会的な活動や目的へと結びつける針路を得ることができる。

こうした原則の背景にあるのは、民族性、責任、人間中心デザインに、明確かつ意識的に焦点を当てようという意図だ。公平性を掲げて中心に据えたミッション、ビジョン、針路によって、プロダクトインクルージョンを取り巻く産業の未来を形づくるうえで求められる、プロダクトインクルージョンの革命家たちが何人も育っていくことだろう。

› ファッション

すでに第12章で、プロダクトインクルージョンから多大な恩恵を受けられる業界としてファッションと小売を取り上げているが、ここでファッションの未来についてさらに追加して取り上げたい。私は、ファッション業界のオピニオンリーダーたちに、この業界におけるプロダクトインクルージョンの将来について話を聞いた。ここではそれを紹介していく。

2年前、ジャクソン・ジョージズと私は、米国ファッション協議会（CFDA）のイベントGriots at Googleを運営し、そこで、『ハーパーズ バザー』誌の電子版Bazaar.comのタレント＆ソーシャル部門スペシャル・プロジェクト・ディレクターであるクリッシー・ラザフォードと出会った。クリッシーはインスピレーションにあふれた人物で、強い意思と情熱を持って、見過ごされてきた声を自分とチームの仕事の中心に据えている。そのクリッシーは、影響力のあるプラットフォームを活用し、読者のために、ファッション界で歴史的に見過ごされてきた人材の活躍の場をどうやって広げているかを語ってくれた。

ファッションのニュースとコメントで新たな視点をつくりだす

―― クリッシー・ラザフォード
（Bazaar.comのタレント＆ソーシャル部門スペシャル・プロジェクト・ディレクター）

Bazaar.comのタレント＆ソーシャル部門のスペシャル・プロジェクト・ディレクターとしての仕事のひとつは、今何がクールか、話題の人物は誰か、誰がトレンドをつくっているのかを常に把握することです。黒人のタレントもバイラルマーケティングのトレンドの背後にいたり、一夜にしてポップカルチャーの寵児になったりすることは多々ありますが、いつも称賛されるとは限りませんし、逆に称賛の海に自分を見失うこともあります。私は、黒人女性が正当な評価を受けられるように、また彼女たちの話に人々が耳を傾けるようにしたいと思っています。また私は常にビデオや写真の特集にタレントを提案する立場にいるので、サイト上での表現やインクルージョンに気を配っています。さらに言うなら、ただいつも、興味深いストーリーを探しているのです。

私は、ファッション業界には、社会から疎外された人々への見方や価値観を変える力があると心の底から信じています。この業界には、雑誌の編集者から広告担当者まで、多くのマーケティングの達人がいて、最新のイット・バッグ（旬なバッグ）を買うように呼びかけたり、着るべき色はピスタチオ・グリーンだと説得したりして気持ちを動かすことができます。つまり、黒人女性、カーヴィーな女性、トランスジェンダーのコミュニティなどに対する見方を形成することだってできるのです。

幸い私の仕事はオンラインベースなので、そうしたストーリーが成功したときには確固たる証拠——ページビュー——が常に残ります。たとえば、レイチェル・カーグルの初エッセイは、通常の1コンテンツの平均閲覧回数の約10倍も読まれました。このようにして、黒人女性のストーリーは重要であること、それを求める閲覧者もいることを、私たちは確実に証明してみせられるのです。

ファッション業界におけるプロダクトインクルージョンのもうひとつの例は、もっと有色人種のデザイナーの注目度を上げて、もっと消費者に届けられるように、また主流のファッションにもっと関われるように後押しする動きだ。ハーレム・ファッション・ロー（Harlem's Fashion Row）を設立したブランディス・ダニエルは、多様性のある声を前面に押し出し、多文化のデザイナーを代表するファッションを実現することを優先してきた人物だ。レブロン・ジェームズやナイキなどと共に仕事をした経験もあり、見過ごされてきたデザイナーを第一線へと押し出すことに情熱を注いでいる。次のコラムでは、ナイキ、レブロン・ジェームズ、メラニー・オーギュスト、そして見過ごされてきたグループに属する3人のデザイナーとの協働でつくった新作シューズが、ものの数分で完売したというサクセスストーリーを紹介している。

ファッションデザイナーのダイバーシティを豊かに

—— ブランディス・ダニエル
(ハーレム・ファッション・ロー設立者)

2018年、ナイキのブランド、レブロン・ジェームズのブランドマネージャーから電話がありました。メラニー・オーギュストはブランドマネージャーというポジションに就いた数少ないアフリカ系アメリカ人女性の1人で、そのバックグラウンドがあったからこそ、彼女はレブロン・ジェームズの発信する「黒人女性は地球上で最も強い人々の1人である」という極めて根源的な言葉にチャンスを見いだしたのです。

その言葉を聞いてチャンスだと感じたメラニーは、パートナーシップについて話し合うために私たちに電話をかけてきました。私はナイキのために3人のデザイナーを選び、3人全員が採用されました。ポートランドに行くと、チームはすぐさま意気投合しました。全員が自分のストーリーを語るうちに、絆が深まり、シューズよりもはるかに大きなものに取り組んでいるように感じられました。

レブロン・ジェームズは、2018年に開催されたNYFWイベントでこのシューズを発表しました。そして数日後に発売されたこのシューズは、5分足らずで完売しました。黒人女性たちは、ナイキのようなメジャーブランドが自分たちにうわべだけでないかたちで語りかけてくれることを切望していたのです。それを実現するには、逆境やリソース不足、悲劇を乗り越えてきた3人のアフリカ系アメリカ人女性を起用する以上の方法はありませんでした。

面白いことに、この2年間で消費者から有色人種のデザイナーをサポートすることについて聞かれることがどんどん増えてきています。2019年でも、有色人種のデザイナーは小売企業の本社のデザイナーの5%にも満たず、高級ブランドではもっと少ないのが現状です。けれども今、消費者はこれまでになく、自分が何を買うのか、そしてその背景には誰がいるのかを強く意識しているように見えます。素晴らしい姿勢です。

ファッション業界にインクルーシブ・レンズをもたらしたもうひとつの例は、多文化インフルエンサー、セレブリティ、その他ファッション界の著名人の作品を紹介するプラットフォーム「ファッション・ボム・デイリー」を立ち上げ、大成功を収めたクレア・サルマーズだ。2006年8月に立ち上げられた「ファッション・ボム・デイリー」は、流行の先端をいくファッションに精通した購読登録者らに向けて流行の情報を日々提供している。

クレアは、多文化ファッションを取り上げる情報源が、出版物でもWebサイトなどでも少ないことに気づいた。そこで、自身のファッションと文章への興味を生かして、あらゆる美しいものを愛好し求めているグローバルで流行に敏感な人々のために、ナンバーワンのオンライン情報源をつくろうと決めたのだ。クレアは、ブログを通じて、ファッション、ラグジュアリー、スタイルのさまざまな側面を紹介している。

自分のファッションマガジンをつくる

——クレア・サルマーズ
(「ファッション・ボム・デイリー」設立者)

私が2006年に「ファッション・ボム・デイリー」を立ち上げたとき、黒人女性がハイファッションの社説を書いたり、ファッション誌の表紙を飾ったりするのはまだ珍しいことでした。私はずっとファッションが大好きでしたが、私のような女性が注目されたり、称賛されたりすることはありませんでした。そこで、ファッション業界にこんな変化が起きてほしいという、自分の見たいものを表現するブログを始めることにしたのです。

「ファッション・ボム・デイリー」は、私がアイビーリーグを卒業して、適切なインターンシップまでしっかりこなしたにもかかわらず、ファッション誌で働く検討さえできなかったことから生まれました。元々「ファッション・ボム・デイリー」は、私の文章力を見せるための趣味の場としてつくったものです。言ってみれば、履歴書づくりのようなものであり、編集者に私の能力を確認してもらうための追加プロジェクトのようなものです。そうしてブログとして始めたものが、デジタル革命のおかげでビジネスになりました。

ファッション業界は、今なお昔ながらの美しさの視点で動いているように思えます。今やその購買力は高まっているのに、肌の色が褐色だったり、理想的な体型ではなかったりする女性、さまざまなバックグラウンドを持つ女性に対して、世界のファッション業界は一瞥もくれないことがあります。

また大企業も、人々のスタイルにはカルチャーがどのように反映されるか（そして、その関係性をどのように尊重すべきか）について無知であることを示すような失敗をいくつも犯しています。インクルージョンは重要です。私たちは確かに存在しますし、消費者ですし、私たちの手にあるドルも声も大事なものなんですから。

私は現在、インスタグラムのフォロワー数が130万人、インプレッション数は数百万回、『エボニー』、『エッセンス』、『ティーンヴォーグ』といった雑誌にも掲載され、数々の賞を受賞しています。まさに、ファッション業界におけるインクルージョンのビジネスケースを証明できる成果です。

クレアがつくったプラットフォームは、人種、民族、体格など、さまざまなダイバーシティの次元をまたいで話題を取り上げるものだ。そのプラットフォームで自分の姿の反映できる情報をみる人は何百万人もいて、彼女の影響力は全世界に及ぶ。

この他にもさまざまな業界の例を挙げることができるが、いずれにも共通する点がある。消費者にとって正しい行為をすれば、それは組織にとって最良の行為になるという点だ。イノベーション、収益、成長、高評価の口コミなどから得られるメリットは、プロダクトインクルージョンを企業の活動に組み込むのにかかるコストよりもはるかに高い！

プロダクトインクルージョンの未来について、尊敬するGoogleの元ディレクター、キャラ・ショートスリーブに話を聞いた。キャラは現在、The Leadership Consortium（ザ・リーダーシップ・コンソーシアム、TLC）のCEOを務めている。著名なフランシス・フライ教授が考案したTLCは、必要な人材を採用し、ダイバーシティ&インクルージョンを考慮することで業績の向上を図る企業のためのリーダーシップ・アクセラレーターだ。キャラがTLCのインサイトと、プロダクトインクルージョンの未来についてどのように語ったかは、コラムを見てほしい。

プロダクトインクルージョンのある未来とない未来

――キャラ・ショートスリーブ
（ザ・リーダーシップ・コンソーシアムCEO）

プロダクトインクルージョンのないビジネスの未来についてどう思うかと尋ねられて思い浮かべるのは、潜在能力のほんの一部しか示せない非効率な世界です。

ダイバーシティ&インクルージョンをパフォーマンス向上の手段として採用していないビジネスを考えてみると、恐ろしい未来が待っている可能性がきっと思い浮かぶでしょう。もしそうなると、悲惨な結果がもたらされます。ただ、私が可能性が高いと踏んでいるシナリオは、ビジネスの輝かしい未来がただただ失われてしまうというものです。多様性のある視点を積極的に取り入れることができなければ、重要なプロダクトやサービスが市場に出ることはなく、プロダクトやサービスが市場に出たとしても本来見込めるような効果を発揮できるものではないでしょう。企業は本当ならば可能だった成功を手にすることができず、個人だって、自分も周りの人たちも潜在能力を最大限発揮することが叶わずに、喜びを感じられなくなってしまいます。

なので私は、自分が楽観主義者ということもあって、インクルーシブなプロダクトデザインが優先されたビジネスの未来を想像したいと思います。インクルーシブなDNAをもつ企業は、チームの力を効果的に得ることができ、良いプロダクトやサービスを市場に出せるでしょうし、最終的には高いビジネスの成果をあげるでしょう。なので、こちらの未来を実現するために一緒に取り組んでいきましょう。

私は、TLCリーダーズプログラムでは参加者の経歴を問わないところが個人的に一番好きです。過去に十分なサービスを受けられなかった人々――そして組織が将来に競争力をもつには不可欠な人々――に大いに重点を置いてサービスを提供することも明言しています。誤解を恐れずに言ってしまうと、私たちの目標は、そうした欠くことのできない見過ごされてきたリーダーたちに、より大きく、より大胆に、より目につくかたちでリーダーシップの役割を担わせることです。そうすることで、クライアント企業の業績は向上しますし、クライアント企業内外の従業員が勢いのある成功モデルを目にすることがでます。最終的にはほかの企業もそれを追随することで、プロダクトインクルージョンが大きく飛躍する未来が視野に入ってくるのです。

キャラの話では、本書ですでに取り上げた3つのPのフレームワーク――プロセス、ピープル、プロダクト――について直接触れていないものの、言っているのは間違いなく同じことだ。よりインクルーシブなレプリゼンテーションをもつ人々(ピープル)を巻き込んだインクルーシブなプロセスは、よりインクルーシブなプロダクトをつくり、市場に出すことができる。3つのPが一体的に絡み合うことで、より多くの顧客にサービスを提供し、イノベーションと成長を促す相乗効果が生みだされる。

プロダクトインクルージョンのオピニオンリーダーとして、人々に影響を与えるために創造的な力を発揮してその方法を見つけなければならなかったり、それぞれの取り組みにプロダクトインクルージョンをどのように組み込めばいいのか、具体的な方法を示す必要があったりするかもしれない。人々のプロダクトインクルージョンに対する気持ちをかき立て、そして大きな夢を見て行動を起こせば、優れたイノベーションが生まれることを理解してもらえれば、変化は自ずと起きるはずだ。

結局、何を意味するのだろうか？

ここで紹介した人々は、皆さまざまな経歴を持っている。確かに、本書に登場する優秀なリーダーやイノベーターの中には、見過ごされてきたバックグラウンドをもつ人も数多くいる。一方で、そうでない人たちもいる。

プロダクトインクルージョンが面白いのは、従来のダイバーシティ、エクイティ、インクルージョンの議論では自分がどう関係するのかわからなかったような多くの人々も、この取り組みから力を得ているところだ。プロダクトインクルージョンは、具体性があって、実際にやってみることのできるフレームワークであり、そうした人たちもいくつかのステップを踏むだけで仕事のやり方を変えられる。また、最終的な目標や、ビジネス側とユーザー側の両観点からの理論の理解につながる裏付けを得ることもできる。

それでは、過去2年間に行ってきた実験、反復、試行錯誤、そしていくつかのブレイクスルーを経て、私たちが学んだのは何だろうか？

- 多様性のある視点は、イノベーションを促進し、見過ごされてきたユーザーだけでなく全ユーザーにとって良いプロダクトをもたらす。
- アイデア出し、ユーザーリサーチ、ユーザーテスト、マーケティングは、それぞれが各分野だけに関わる場合であっても、プロセスにインクルーシブ・レンズを持ち込み、注力すべきコア領域だ。
- プロダクトインクルージョンはプロセスに埋め込まれるべきもので、独立したアイデアでも、最後に追加されるプロセスでもない。
- インクルーシブ・レンズの適用が、必ずしも進捗の遅れにつながるわけではない。問題は、より意図的にデザインできるかどうかだ。
- 何十億ものユーザーがプロダクトの対象として目を向けられたいと切望しており、仲間として迎え入れられたなら、行動に移す購買力を持っている。
- 「初期設定（デフォルト）」としてチームが想定したユーザー像から遠い人ほど、ターゲットユーザーとは異なるユーザーのストーリーやニーズ、コアとなる課題をプロセス中の重要なステップで意図的に取り入れていなければ、プロダクトやサービスから仲間はずれにされているように思ったり、バイアスを感じたりするだろう。

そして間違いなく何よりも大切なのは、「ビジネスはうまくいくし、正しいこともできる」という考え方だろう。より多くのユーザーにリーチできるプロダクトやサービスをつくれば、ビジネスの成長につながること請け合いだ。現在のプロセスを厳しい目で見直し、自分のネットワークとは異なる視点を持ち込み損ねている部分を明らかにすることで、ターゲットユーザーの拡大が後押しされるだろう。

次のことを覚えておいてほしい。

- **アイデア出しでは**　ダイバーシティのある集団になるように参加者を集め、誰がターゲットユーザーで、プロダクトにはどのようなユースケースがあるのかをじっくりと考えるとともに、意識的に拡大に努めること。母親向けのプロダクトをつくるときには、母親以外の両親や介護者などを想定しているだろうか？　デザインを考えるとき、機能やデザインの優先順位を検討するために、さまざまなジェンダーの参加者を集めているだろうか？
- **ユーザーリサーチでは**　多様性のあるバックグラウンドをもつリサーチャーによってリサーチを行うこと。また、リサーチの準備段階では、チームの取り組み方針について原則をつくり、インクルージョンが重要な要素だと確認すること。参加者の目標を設定し、プロダクトマネージャーが、プロダクトを次のステップに進めるときに役立つデータが提供されるようにする。多様性のあるリサーチャーを集められない場合は、ネットワークを拡大する方法を検討し（公共の場、オンライン調査、ソーシャルメディアなど）、ギャップや思いもよらない部分を補えるユーザーの視点を得るようにすること。
- **ユーザーテストでは**　多様性のあるユーザーにプロダクトを試用してもらい、フィードバックをもらう方法を模索する。たとえプロダクトインクルージョンに関連して大きな問題を発見するようなアハ体験がなかったとしても、多様性のある視点をもつことで多様性のあるアイデアにつながるし、新たなアイデアを検討するチャンスにもなる。多様性のある視点が良い結果をもたらし、それがもっと大きなチャンスにつながる。これをチームのモットーとすべきだろう。

- **マーケティングでは**　ユーザーの生活について、あるいはプロダクトがユーザーの体験をどのようにして向上させることができるかについて、リアルなストーリーを語ろう。人は、自分と似た感覚や外見を持つ人に共感を覚えるので、ダイバーシティの次元を複数含むストーリーを語ること。人口動態が変化するなかで、さまざまな人種の消費者がますますインターネットを利用するようになり、購買力も高めているのを考えてみれば、そうしたユーザーとつながり、彼らのストーリーを伝えることが理にかなっているとわかるだろう。また、すでに自社プロダクトを愛用するリアルで多様性のあるユーザーを取り込んだマーケティングも、費用対効果の高い方法だ。本物だと実感できるからこそ、そうしたストーリーは人々の心に響く。

最後に。耳を傾け、謙虚になろう。私たちは皆、共感し、問題を解決し、そうすることでチャンスをつかむための旅の途中だ。ユーザーの立場に立って考えてみよう。質問してみよう。そして、挑戦し続けよう！　そこには、ユーザー中心のプロダクトをつくり、より良いビジネスを生みだすチャンスが待っている！

ACKNOWLEDGEMENTS

—

謝辞

本書を書き上げられたのも、今やプロダクトインクルージョンとして確立したフレームワークをつくることができたのも、その旅をスタートさせ、前進を続け、はじめに考えた素案を練って完全なプロダクトをつくりあげていくのに協力してくれた多くの人たちのおかげだ。

この本をつくろうと最初に声を掛けてくれた出版社ワイリーのクリステン・トンプソンは、私のような内向的な人間がプロダクトインクルージョンについて語らなければならないと信じ、彼女独特のかたちで張り切っていた。チャンピオン兼チアリーダーを務めてくれた彼女に感謝だ。リチャード・ナラモアはこのプロジェクトの立ち上げを手助けし、ヴィクトリア・アンロは私たちをまとめ、いつも親切に対応してくれた。マイク・キャンベル、ヴィッキー・アダン、マイク・イスラレウィッツ、クーシカ・ラメシュ、その他のワイリーのチーム全員に—— ありがとう。

クリス・ジェンティールは、この取り組みに信念をもち、私を信頼してくれた。そのリーダーシップ、20%プロジェクト、そして長年にわたる助言に感謝している。十分なサービスが提供されていないコミュニティへの精力的なコミットメントに、またビジネスと情報格差に関する10年にもわたる長期ビジョンの提示に、もちろんチームメンバー全員を常に気に掛けてくれたことにも、お礼を言いたい。

Google UXスタジオのナオミ・クラウスへ。あなたは編集を進めるうえで、まさしく天の遣わした助けのような存在だった。本書の完成までボランティアで協力してくれて、そして執筆に行き詰まったときに、これは重要な仕事だとサポートし、力づけてくれてありがとう。心から感謝している。

シャネル・ハーディーは、本書に参加し、書きぶりと内容が適切かを確認するのに協力してくれた。とても感謝している。

ジョー・クレイナック、あなたの編集の力量なしには本書は実現しなかった。本書に関わってもらい、指導と専門知識を得られたことを、本当に幸運に思う。

もちろん、いつも私の気持ちを高めてくれて、一番いいところを見てくれる家族や親類、そして、同じような感覚に焦がれている世界中の人々にも感謝する。

素晴らしい友人、アンジェロ・カリーノとドナルド・リー・ブロクJrにもお礼を言いたい。また、私の「弁護士」ステファニー・リチャードとクリスティーナ・ロドリゲスにも感謝している。クリスティーナ、あなたのような心の広い友人がいてくれて、積極的に編集の作業を手伝ってもらえて、本当にラッキーだった。シャボンヌ、この本のためにしてくれたあらゆることに、そしていつものサポートに、ありがとう。ジム、イアン、ヒラリー、サンフランシスコを冒険のような体験にしてくれて（遠くからでも！）、本書をつくるプロセスでも、そうでないときも私の背中を押してくれてありがとう！　ベイリー・キャロル、素晴らしい友人、相談相手でいてくれてありがとう。カーミル、素敵ないとこで、そして友人でいてくれてありがとう。

序文を書いてくれたジョン・マエダに感謝する。突然電話したにもかかわらずそれに応じ、この旅を導いてくれた。これからも永遠にインスピレーションを与えてくれるだろう。

Googleファミリーのみんな、ありがとう。特に、次の皆さんに感謝する。

- エグゼクティブ・スポンサー：エリン・ティーグ、アンディ・バーント、シェリス・トレス、デビッド・グラフ、シムリット・ベン＝ヤイール、キャット・ホームズ、ソウミャ・スブラマニアン。
- プロダクトインクルージョンチーム――我らが驚くべき20％チーム――と、サポートしてくれたGoogler、リーダー、メンター、特に次の皆さんに感謝したい。
  - シドニー・コールマン、ギジェルモ・カレン、コニー・チューの3人の存在は驚異的で、チームをぐっと広げてくれた。とてつもなく大きなはたらきに感謝する。恩に着る！
  - タイ・シェパードとリネット・バークスデールは、当初からこの取り組みの検討を手助けし、いつも賢明なアドバイスをしてくれた。ありがとう！

> アマンダ・キューンのフィードバックと積極的なチームワークに感謝！
カーリー・マクラウド、サポートとアドバイスをありがとう！
> サンジャイ・バトラとチームの皆さんという、とてもすばらしいパートナーに感謝している。

さらに、ミシェル・バンクス、KRルー、マンプリット・ブラール、アンバー・イバーラ、ジェフリー・ダン、アネット・ショルゲン、アシュリー・ウィルソン、トム・ホワイト、ジェイソン・ランドルフ、ジョン・パレット、リーナ・ジャナ、ルーシー・ピント、アヴァ・ドナルドソン、ブランドン・アズベリー、サルバドール・マルドナド、マイルズ・ジョンソン、ホールデン・ロジャーズ、メーガン・チザム、パーカー、ダン・フリードランド、アラナ・ジョンソン・ビール、サダシア・マカッチェン、ブリット・ディヤン、そしてインクルージョンの取り組みの初期の協力者、アリソン・バーンスタイン、アリソン・ムニチエロ、ランディ・レイズ。そして、ギジェルモ・カレン、ダニエル・ハーフラ、ヘザー・カイン、最後になってしまったけれど大切なヴィクター・スコッティ。

すべての人のためにつくるというビジョンを導いてくれたスザナ・ジアルシタ、データと忍耐力を提供してくれたナタリー、優れた才能とインサイトをもつコニー・チュー、学び教える意欲にあふれるトーマス・ボーンハイム、そしてPI-UXチーム、ありがとう。皆さんなしにはとても不可能な取り組みだった。ローレン・トーマス・ユーイングの指導とサポートに感謝する。セス、マイケル、アンディ、いつもそばにいてくれてありがとう。Speechlessチームの皆さん、きちんと気持ちを伝えられるよう助けてくれてありがとう。

テイラー・グエン、パートナーとして、またリーダーとして、協力し、サポートしてくれて、またこの取り組みを早い段階から何度も紹介してくれてありがとう。

ニナ・シュティレとトマス・フライヤーからはサポート、エネルギー、ビジョンをもらい、ラグス・ウィリアムソンとジョン・クロフォードには、ビデオを通じてストーリーに命を吹き込んでもらい、アリソン・パーマーにはいつも率直で思慮深いアドバイスをもらった。

ソートリーダー、パートナー、スポンサーの皆さんに感謝する。メロニー・パーカー、ジェフ・ウィプス、コーリ・デュブロワ、キャット・ホームズ、カイル・ユーイング、モナ・ゴーヒル、ローラ・ハギル、フランス・オラジデ、サラ・サスカ、そしてすべてのワーキンググループ、インクルーシブマーケティングのコンサルタント、私たちを受け入れてくれたすべてのチームに感謝したい。

ブラッドリー・ホロウィッツ、パリサ・タブリズ、シン・チャウ、エリック・ケイ、アジム・フサイン、マット・ワデルのサポートにも深く感謝する！

ヒロシ・ロックハイマー、あなたのサポートとビジョンのおかげでこの取り組みは大きく成長した。心から感謝する。

本書に関わってくれたあらゆる皆さんに、ありがとう。コラムの執筆やインタビューを通して貴重な知識を伝え、またプロダクトやサービスの種類にかかわらず、ユーザーが存在するならばその声をもっと議論の場に持ち込むべきだと示してくれて、感謝している。

ジャクソン・ジョルジュのものすごいエネルギーと絶え間ないサポート、ジェシカ・メイソン、ジェニファー・カイザー、フラビア・セクレスの根気、協力、そしてこの取り組みへの信頼に感謝する。ジェニファー・ロッドストローム、大きな協力と、語られるべきストーリーに対する強い信念をありがとう。味方であり、友人であり、チャンピオンでいてくれるハンナ・ハント、ありがとう。メアリー・ストリーツェル、いつも支え、笑い、導いてくれてありがとう。

レベッカ・シルズとアマンダ・キューン、あなたたちがいなかったら、きっとこの本は完成に至らずに終わった。寛大さ、忍耐強さ、見事な編集に感謝する。

この本を実現させてくれた全社のGoogler（ここに掲載されている以外にもたくさんの！）に、感謝したい。アマンダ・ゴーニー、エリアス・モラーディ、クリストファー・パトノー、KRルー、エリーズ・ロイ、PI-UXワーキンググループ、ジャイルズ・ハリソン＝コンウィル、ジェン・コゼンスキー・デヴィンズ、ステファニー・ブードローとディミトリ・プロアノ、ヨランダ・マンゴリーニ、サダシア・マカッチェン、ルハ・デヴァネサン、ン・マ・ヨラ、ポール・ニコラス、ローラ・パルマロ＝アレン、アナスタシオス・コロネオス、プロダクトインクルージョン・コミュニティ、マリコ・ケイツ、あらゆるワーキンググループ、そしてERG-PIリーダー――皆さんありがとう！　また、Googleでの経験をもとにして、プロダクトインクルージョンと開発について私の個人の意見を述べることを許可してくれたリーダーたちにも感謝する。

この3年間、激しい浮き沈みを共に乗り越えてきたレイチェル・ランバートとカレン・サンバーグ、2人なしにはどうなっていたかわからないと言っても過言ではない。ありがとう。すばらしいメンター、アナ・ダヴダにも感謝する。

イヴ・アンダーソン、いつもサポートし、導き、リーダーシップを発揮してくれてありがとう。お手本であり強烈なアドボケイト、レスリー・リーランドにも、感謝しかない！

エリカ・デュマ、ヘンリー・カニンガム、シャンテ・ベーコン、サプトーサ・フォスターにも、そしてバディー・チューンとトニ・ニール、そして特にシャマイム、あなたたち本質を捉えるドリームチームにも感謝する。サラ・サスカ、ナンジャッパ・パレカンダ、ヴィーラント・ホルフェルダー、ダニエル・ナバーロ、ジェイソン・スコット、そしてFeminuity社にも感謝している。

Googleの外からサポートしてくれた皆さんにも、特別な感謝を送りたい。自分自身にとっての光と目的を見いだすためには欠かせない力だと思う。家族や親戚、特にタティ・ネリー、アンクル・ルドルフ、タティ・マーリーン、フレッド・スチーブンズ、メリン・ホワイト、ケンダル・ブラウン、マイク・ジャンノーネ、ケイティ・ボイド、ダニエル・ハーフラ、祖父母（天国にいる祖父母を含む）、そしてペンシルバニア大学のファミリー、ミルトンアカデミーとペンシルバニア大学の先生方、コナー、ブラッドフォードに感謝を捧げる。特に、私を後押ししてくれ、共に成長してきたジャスティン・ライリーには感謝している。そして、学び、自分を知って成長する人へと常に開かれたダートマス大学のスタッフにもお礼を言いたい。

そして、過去と現在のGoogleの女性の皆さん。まずホイットニー・モスコウィッツ、学習者とイノベーターのコミュニティ「Equity Army（エクイティを勝ち取る組織）」への大きな力添えに感謝したい。ヘザー・カイン、ドミニク・ムンギン、シュゼット・ヤスミン・ロボサム、デレシア・クレベット、ダニエル・ハーフラ、エリカ・ベネット、エリン・ティーグ、カミーユ・スチュワート、メッカ・ウィリアムズ、ジェニファー・サットン、ティファニー・スノーデン、ナターシャ・アーロン、エリカ・ムンロ・ケナリー、ダニエル・ラック、そしてオデッセイのスタッフ、レナ・マカフィー――いつも私を支えてくれてありがとう。みんな愛してる！　いろいろなことがあっても教え、導いてくれてありがとう。

そしてもう一度、家族、なかでもママ、パパ、アラン、トッド、いとこたち。特に刺激をくれる次世代の人たちへ、これから見えてくる未来にワクワクしている。ハーク、私の人生はあなたなしには成り立たない。愛してます。

ABOUT THE AUTHOR

—

著者について

アニー・ジャン＝バティストは、Googleのプロダクトインクルージョン部門のグローバルヘッドを務めている。2年前にプロダクトインクルージョンのフレームワークを立ち上げ、Google社内だけでなく、数々の業界において成長と拡大に貢献してきた彼女は、サービスを十分に受けられずにきたコミュニティでもWebやプロダクトを利用するようになること、そしてGoogleを、誰もが違いを活かしながら輝ける場所であるようにすることに情熱を注いでいる。以前にはGoogle内の複数の技術部門で多様性のある人材管理とキャリア開発プログラムを担当していた経験ももつ。

アニーは2010年にペンシルバニア大学を卒業した。専攻は国際関係学と政治学。現在は、ペンシルバニア大学教育学大学院でイントラプレナー・イン・レジデンスを務めるほか、IEEEのEthically Aligned Design（ビジネスにおける倫理的に調和した設計）委員会のメンバーでもある。

アニーはこれまでに、『ヴォーグ』『ティーン・ヴォーグ』『チェダー』『デジタル・トレンズ』各誌、ABC、CNBCの番組、さらに『エッセンス』誌、ソーシャルメディアの『ハフポスト』や『ザ・ルート』、米国ファッション協議会の年報、『マイアミ・タイムズ』紙、『ボストン・グローブ』紙、『フォーチュン』誌といった各種メディアで取り上げられてきた。

現在、夫のトッドと愛犬のヘラクレスと一緒にサンフランシスコに住んでいる。31歳。

アニーについて、もっと知りたければWebサイトhttps://www.anniejeanbaptiste.com/をチェックしてほしい。また、インスタグラムやツイッターで@Its_Me_AJBを見つけて、あなたの意見を伝えてみよう。

INDEX

コラム執筆者

INDEX

索引

123・ABC

あ

か

さ

た

な

は

ま

や

ら

わ

Google流
ダイバーシティ＆インクルージョン
インクルーシブな製品開発のための方法と実践

2021年9月15日　初版第1刷発行

著者 ／ アニー・ジャン＝バティスト
翻訳 ／ 百合田香織

発行人 ／ 上原哲郎
発行所 ／ 株式会社ビー・エヌ・エヌ
〒150-0022　東京都渋谷区恵比寿南一丁目20番6号
FAX: 03-5725-1511　E-mail: info@bnn.co.jp
URL: www.bnn.co.jp

印刷・製本 ／ シナノ印刷株式会社

翻訳協力 ／ 株式会社トランネット（https://www.trannet.co.jp）
版権コーディネート ／ 株式会社日本ユニ・エージェンシー
日本語版デザイン ／ 上坊菜々子
日本語版レイアウト ／ 鈴木ゆか
日本語版編集協力 ／ 安藤幸央、佐野実生
日本語版編集 ／ 村田純一

ISBN978-4-8025-1216-9
Printed in Japan